KB106172

최고의 부모들은 아이를 어떻게 키웠을까

평범한 아이를 세계 1%로 키워낸

최고의 부모들은 아이를 어떻게 키웠을까

김정진 지음

예문 yemun

부모 역할도 공부가 필요하다

부모들은 간절히 원한다. 내 아이가 스스로 공부하는 착한 아이로 자라주기를. 하지만 자녀를 키워본 사람들은 안다. 자신의 뜻대로 되지 않는 일임을. 명문대에서 대학생을 가르치는 저명한 교수도, 부와 권력을 가진 사람도 마찬가지다. 아이를 키우는 영역은 평등하다. 대통령의 자녀가 범죄자가 되기도 하고, 시골 농부의 자녀가 대통령이 되기도 한다.

이러한 차이는 왜 발생하는가?

부와 권력 그리고 부모의 능력이 있으면 훌륭한 아이로 자랄 것 같지만 현실은 그렇지 않다. 역사가 증명한다. 영조는 훌륭한 임금이었지만 아들 사도세자를 뒤주에 가둬 굶겨 죽였다. 지금도 그렇다. 역대 대통령의 자녀들은 유독 감옥에 많이 갔다. 박근혜는 아버지에 이어 대통령이 되었지만 지금 감옥에 있다. 대한항공의 조양호 회장은 막대한 부를 가진 능력 있는 아버지이지만 세 남매는 국민 밉상이 되었다. 세 남매는 아버지와 어머니의 갑질을 그대로 배우고 자란 죄밖에 없다. 아이는 부모를 보며 자란다. 심리학에서는 그런

현상을 거울과 똑같다고 해서 미러링mirroring이라고 부른다. 부모가 정성을 쏟는 만큼 아이는 성장한다. 부모의 사랑이 씨줄이면 교육은 날줄이다. 사랑만 주어서도, 교육만 해서도 안 된다. 사랑과 교육이 빈틈없이 엮어져야 비로소 아이의 마음이 촘촘해지고 쑥쑥 자란다.

생각해보자. 학교 선생님이 당신의 인생에 얼마나 영향을 끼쳤는가? 내 경우에는 큰 영향을 받지 않았다. 그렇다면 부모는? 당신의 가치관, 좋아하는 음식, 습관, 자녀양육법 등은 부모의 영향을 크게 받은 결과이다. 부모는 아이의 인생을 좌우하지만, 학교 선생님이 그 정도의 영향을 미치는 경우는 드물다. 그런데도 선생님들은 아이를 가르치는 자격을 얻기 위해서 수많은 노력을 기울인다. 일단 교육대학이나 사범대학에 들어가서 아이를 가르치는 방법을 전문적으로 배운다. 그리고 학교 현장에 가서 교생 실습도 받는다. 마지막으로 머리 싸매고 공부해서 임용고시에 합격해야 한다. 교사 자격을 받았다고 해서 끝이 아니다. 수시로 교사 연수를 통해 새로운 정보와 수업기법을 습득해야 한다. 아이는 학교에서 교사에게 배우고 집에서는 부모에게 배운다. 특히 영유아기와 사춘기에는 부모의 교육이 절대적이다. 그런데 대부분의 부모는 선생님 역할을 하고 있으면서도 아무런 교육도 받지 않는다. 한 번 물어보자.

당신은 부모 자격을 갖추기 위해 어떤 노력을 했는가?

이 질문을 읽은 순간, 대부분의 독자가 당황했을 것이다. 이 책은 이러한 반성과 질문에서 시작되었다. 혹시 아이들의 교육을 학교와 학원에 위탁하고 있지 않은가? 그러고는 부모 역할을 다했다며 자신을 위로하고 있지는 않은가? 다람쥐 쳇바퀴 돌 듯 끊임없이 학원을 맴도는 아이들은 자라면서 부모를 원망하며 점점 멀어진다. 부모는 애들이 크면 다 그런 거라며, 사춘기 때는 원래 그렇다며 또 스스로 위로한다. 아이들이 공부 때문에 힘들어하면 그걸 견뎌내야 어른이 되는 거라며 윽박지른다. 성공의 비결은 책상을 오래 지키는 거라며 아이들 방 앞에서 실눈을 뜨고 귀를 쫑긋 세우고 감시하는 부모들도 적지 않다. 학원에 저당 잡힌 찬란한 우리 아이들의 시간은 다시 오지 않는다. 아이들의 꿈은 악몽이 된다. 꿈이 꿈으로만 끝나는 세상. 우리의 아이들은 지쳐버렸다.

부모의 역할은 무엇인가? 돈을 벌어서 학원에 보내면 부모로서의 역할이 끝인가? 최고의 교육은 부모가 밥상머리에서 자녀에게 해주는 교육이다. 국어, 영어, 수학을 가르치란 말이 아니다. 정글 같은 세상을 슬기롭게 헤쳐 나가는 방법, 속고 속이는 세상에서 자신을 보호하는 방법, 화려한 겉모습에 숨어 있는 민낯을 구분하는 방법, 친구와 친해지는 방법, 아이의 적성에 맞는 직업을 찾아가는 방법 등 삶에서 정말 필요한 이런 교육은 누구도 대신해 줄 수 없다. 부모가 밥상머리에서 직접 해야 한다.

우리의 가정을 둘러보자. '밥상머리교육'이란 조선시대에나 나왔을 법한 말이 되었다. 일단 아이들이 조금만 크면 함께 식사하는 시간이 확 줄어든다. 그러다 가끔 다 함께 모여 식사하면 침묵만이 흐른다. 밥 먹을 때 조용히 하라고 배웠던 일제 강점기의 악습이 아직도 우리 밥상머리에서 답습되고 있다. 부모들은 밥상머리에서 소통하는 방법을 모른다. 밥상머리에서의 침묵은 어린 시절 살갑던 부모와 자녀 사이를 어색한 남남으로 갈라 놓는다. 나 또한 그랬다. 제대로 된 부모교육을 받지 않은 것은 물론, 배우려는 노력도 하지 않았다. 몇 해 전만 하더라도 아이는 스스로 자라는 거라고, 다 자기 팔자대로 사는 거라고 생각했다. 내가 우리 아이들을 가르쳤던 방식은 아마도 우리 부모님에게서 무의식적으로 배운 결과일 것이다. 부모님이 나를 가르친 방식은 방임에 가까웠다. 한국 부모들의 일반적인 교육방식이 집착과 방임이다. 둘 다 아이에게는 독이 된다. 3년 전에 마음먹고 시작한 밥상머리교육이 없었다면 나 또한 집착과 방임에 머물렀을 것이다. 난 교육학 박사 학위를 받고 유아교육과 교수가 되었다. 학생들에게는 부모교육이 중요하다고 말했지만 솔직히 말하면 어떻게 해야 하는지 잘 몰랐다.

그러던 중 주말부부로 지내면서 위기가 찾아왔다. 떨어져 살다 보니 아이들과 대화하는 게 어색해졌다. 큰 마음먹고 일주일에 한 시간씩 밥상머리교육을 시작했다. 불과 3개월만에 그토록 내성적이었던 딸 지유가 토론하자며 먼저 요청해왔다. 이후 우리 집은 세상에서 가장 행복한 교실이 되었다. 침묵만이 흐르던 밥상은 정치, 경제, 사회, 문화 등에 관하여 이야기 나누는 토론의 장으로 변했다. 밥을 먹고 나면 배만 부른 것이 아니라 마음까지 충만해졌다. 그 사이 우리 부부와 아이들의 관계는 질적으로 달라졌다. 이제야 제대로 된 부모 역할을 하고 있다는 자신감이 생겼다. 한국의 아이들은 초등학교 고학년이 되면서부터 부모와 점점 멀어진다. 그러나 우리 집은 반대로 더 친해지고 있다. 딸 지유와 나는 지유가 어린이집을 다니던 여섯 살 때보다 열두 살인 지금 더 친하다. 이 같은 놀라운 변화를 겪으면서 나는 궁금해졌다.

최고의 부모들은 아이를 어떻게 가르치는가?

그 비결을 알아내기 위해 수많은 책과 인터넷을 뒤지며 하얗게 밤을 새웠다. 마침내 최고의 부모 31명을 선정하고 그들의 자녀교육법을 스토리로 풀어냈다. 이 책에는 제각기 다른 31개의 자녀교육법이 나온다. 어떻게 아이들을 키워야 할지, 진정한 부모의 역할은 무엇인지 막막한 고민을 하는 부모라면 이 책을 디딤돌 삼아 최고의 부모가 되기를 바란다. 부모 자격을 갖추려면 학교 선생님처럼 자주 읽고 생각하고 배워야 한다.

내 아이에게 무엇을 물려줄 것인가? 위대한 유산은 돈이 아니라 밥상머리교육이다. 어느 날 딸 지유와 아들 찬유에게 물어보았다.

"나중에 아이 낳으면 아빠와 엄마처럼 밥상머리교육을 할 거니?"

아이들은 하겠다고 대답했다. 다시 물었다.

"왜 밥상머리교육을 할 거니?"

"아빠와 엄마가 해줬으니까. 당연히 나도 해야지!"

부모가 아이에게 밥상머리교육을 해주면 반드시 대물림된다. 돈은 오래가지 못하지만 밥상머리교육은 대대로 전수되어 위대한 유산이 된다. 최고의 부모들로부터 밥상머리교육을 배워야 하는 이유다.

차 례

PART 05_ 시련을 넘어 특별한 아이로 키워내라

PART 06_ 밥상머리의 대화는 어떻게 아이를 바꾸는가

PART 07_ 내 아이의 위대한 인생 코치가 되어라

PART 08_ 명문가의 교육은 무엇이 다른 걸까

PART 01

아이의 공부머리는 아빠의 노력으로 완성된다

아빠와의 놀이는 아이들에게 더없이 즐거운 경험이다. 아빠와 놀면서 한다면 공부도, 독서도, 토론도 모든 것이 아이에게는 신나는 경험이자 행복한 추억이 된다. 뛰어난 아이들의 공부머리, 독서 습관은 그렇게 자라난다.
이 책에서 소개하는 아빠들은 모두 아이를 비범한 수재로 키웠으나 그 자신은 평범하기 그지 없는 보통의 아버지들이다.

시골 농부, 5남매를 의사와 약사로 키우다

황보태조

황보태조는 자신과의 약속을 지켰다. 젊은 시절 막노동꾼으로 서울대학교 신축공사 현장에서 일하며 '지금 내가 짓고 있는 서울대학교는 나중에 우리 아이들이 공부할 곳이야. 그러니까 튼튼히 지어야지'라고 다짐했던 그였다. 그의 바람대로 첫째와 다섯째가 서울대 의대에 들어갔다. 그는 고등학교도 못 나온 시골 농부지만 5남매를 모두 수재로 키웠다.

5남매는 핸드폰도 안 터지는 시골에 살면서 유치원과 학원을 한 번도 다니지 않았지만 전교 1등을 놓치지 않았다. 첫째 딸은 서울대 의대를 졸업해서 의학박사 학위를 받았고, 둘째 딸은 경북대 의대를 졸업하고 의학박사 학위를 받았다. 셋째 딸은 포항공대 화학과를 수석으로 졸업해 반도체 회사에서 일하다가 다시 경북대 의대를 거쳐 의사가 되었다. 넷째 딸은 대구 가톨릭대 약학과를 나와서 약국의 대표로 있고, 다섯째 막내아들은 서울대 의대를 졸업하고 의사가 되었다. 그는 자신이 직접 만든 교육방법으로 5남매를 키웠다. 그 특별한 교육을 《꿩 새끼를 몰며 크는 아이들》, 《가슴 높이로 공을 던져라》라는 이름의 책으로 펴냈다. 문용린 전 서울시교육감은 그의 강연을 직접 듣고 나서 "아이들에게 책 습관을 붙이지 못한 게 후회가 된다. 제가 교육학으로 30여 년을 살아왔지만 황보 선생과는 비교가 안 된다"라는 말을 남겼다.

공부를 놀이로 만들다

이제 5남매는 성인이 되었지만 아직도 "아빠"라고 부른다. 어릴 때부터 아빠와 가장 친했고, 지금도 친구처럼 지내기 때문이다. 그가 아이들과 살갑게 지내는 사연이 있다. 태어난 지 석 달만에 아버지를 여읜 그에게 아버지란 늘 사무치는 그리움이었다. 그래서 나중에 아이가 태어나면 함께 놀아주는 자상한 아빠가 되기로 마음먹은 것이다.

첫째 딸이 다섯 살이 되면서 한글 놀이가 시작되었다. 그의 기억에 공부는 무섭고 어려운 것이었다. 아이들에게는 즐거운 놀이로 인식시켜야겠다는 생각에 공부와 관련된 모든 것에 놀이라는 이름을 붙이고 함께 놀았다. 그랬더니 아이들은 공부를 놀이로 생각하게 되었다. 유대인들은 하브루타를 처음 시작할 때 성경과 탈무드 책에 꿀을 묻혀서 핥아먹게 한다. 왜일까? 어린아이에게 '성경과 탈무드 공부는 달콤함'이라는 것을 인식시키기 위해서다. 황보태조와 유대인의 교육방법은 다르지만 그 의미와 효과는 똑같다.

어느 날 첫째와 둘째 딸이 가장 좋아하는 종이인형을 가져와서 "아빠, 이름 지어줘"라며 부탁을 했다. 그는 "너희들이 직접 지으면 인형이 더 좋아하겠다"며 이름 짓기를 권했다. 딸들이 이름을 지으면 이름과 똑같은 글자를 과자 봉지 등에서 찾아서 써보게 했다. 처음에는 글씨를 삐뚤빼뚤하게 그림처럼 그렸지만 아빠와 엄마는 칭찬을 아끼지 않았다. 시간이 흐르면서 글자 그림은 점점 제대로 된 글씨처럼 변해갔다. 아이들은 집에서 여러 종이인형을 오리고 따라 그린 다음에 이름을 짓고, 한글로 써보는 놀이에 푹 빠졌다. 그림과 글씨는 방에 전시되었다. 아이들은 그림과 한글에 자신감이 생겼다. 그렇게 학교에 가기 전에 아이들은 한글을 다 익혔다.

셋째와 넷째 딸도 똑같은 방식으로 한글을 놀이로 배웠다. 그러나 막내아들은 달랐다. 일단 인형을 좋아하지 않았고 좀처럼 집에 엉덩이를 붙이고 있지를 못했다. 딸들과는 다른 아들을 보며 그는 친구들과 막걸리를 먹으면서도 '어떻게 하면 한글을 재미있게 가르칠까?'라는 고민에 빠졌다. 아내는 매일 시장에 나가서 직접 지은 농산물을 팔았다. 그는 아들에게 먹고 싶은 과일을 편지로 써서 엄마에게 주면 사다 준다고 말했다. 아들은 눈이 휘둥그레지더니, 그림책에 있는 '사과'라는 글씨를 베껴쓴 다음 고이 접어서 엄마에게 주었다. 저녁 무렵, 시장에서 돌아온 엄마의 손에는 원했던 사과가 정말 들려 있었다. 아들은 신기한 듯 누나에게 자랑했고 날마다 엄마에게 편지를 쓰며 한글을 익혔다. 아빠의 한글 놀이는 구구단 놀이, 한문 놀이, 영어 놀이로 진화하였다.

등교길을 즐거운 대화 장소로 만들다

그는 첫째 딸이 초등학교에 들어가면서 2km 정도의 등교길을 매일 자전거로 태워주었다. 딸이 아빠의 허리춤을 붙잡고 푸근한 등에 얼굴을 대고 나면 이런저런 이야기를 나눴다. 딸은 아빠와 학교 가는 길을 가장 즐거워했다. 덕분에 아빠는 딸의 관심사가 무엇인지 알았고, 학교생활과 친구 관계도 자세히 알게 되었다. 서로에 대해서 아는 게 많으니까 당연히 말이 잘 통했다. 둘째 딸이 초등학교에 입학하고부터는 자전거 안장을 두 칸으로 늘렸다. 그는 새벽에 일어나 밭을 갈다가도 등교 시간이 되면 아이들을 자전거에 태우고 힘차게 페달을 밟았다. 학교 가는 길이 즐거운 아이들은 자연스럽게 학교를 좋아하게 되었고 공부에 집중했다.

맞벌이를 하는 우리 부부는 아침시간이 제일 바쁘다. 가장 큰 고민은 아침 메뉴다. 그래도 학교에 가는 아이들을 위해서 아침은 꼭 챙겨 먹는다. 우리 몸에서 가장 에너지를 많이 쓰는 곳이 뇌이기 때문이다. 아침을 먹지 않은 아이한테 공부 잘하기를 기대하는 것은 난센스다. 그렇다고 아침이 풍성한 것은 아니다. 대부분 시리얼이나 김에 밥을 싸 먹는 정도다. 그 짧은 시간에 우리 가족은 아침에 배달된 신문의 헤드라인을 훑어보면서 오늘 이슈를 파악하고 대화를 나눈다. 5분이면 충분하다. 아침에 여유가 있을 때는 현관문에서 꼭 아이들을 웃으며 배웅하고 손하트를 날려준다. 무표정한 얼굴로 있던 아이들은 환하게 웃으며 똑같이 손하트를 날린다. 아침이 즐거워야 하루가 즐겁고, 학교 가는 길이 즐거워야 공부도 잘 될 게 아닌가.

자연스럽게 독서 습관을 만들어주는 방법

공부 잘하는 아이가 책을 싫어하는 경우는 거의 없다. 책을 읽는 습관이 든 아이는 교과서의 글도 책처럼 읽고 재빨리 이해한다. 수능시험을 보면 수학 문제도 굉장히 지문이 길다. 수학적 능력이 뛰어나도 글을 읽고 문제의 핵심을 파악하는 능력이 부족하면 점수는 낮을 수밖에 없다.

황보태조는 아이들의 독서 습관이 공부 능력을 좌우한다고 믿고 독서 습관을 들이기 위해 많은 노력을 했다. 강의를 하다 보면 "아이의 독서 습관을 어떻게 들이나요?"라는 질문을 자주 받는다. 처음에 나도 우리 아이들의 독서 습관을 들이기 위해서 여러 방법을 써보았지만 쉽지 않았다.

내가 깨달은 것은 아이가 스스로 책의 재미를 느끼도록 해주는 게 제일 중요하다는 점이다. 황보태조의 저서 《꿩 새끼를 몰며 크는 아이들》에서 5남매의 독서 습관을 들인 이야기를 보면 감이 좀 올 것이다.

그는 일단 아이들이 즐겨보는 TV 프로그램과 관련 있는 책은 무조건 사다 주었다. 예를 들어 TV에서 〈보물섬〉이라는 만화 시리즈를 방영 중이면, 그 책을 최대한 빨리 구해서 가져다주었다. 독서에 흥미가 없다 해도 재미있게 보는 만화나 연속극과 관련된 책이면 뒷 이야기가 궁금해서라도 읽어보게 된다. 이런 일이 반복되면 책 읽는 것에 습관이 든다. 그는 바쁜 와중에도 한 달에 몇 차례는 꼭 시내에 나가 아이들이 읽을 만한 책을 골라왔고, 그의 아내가 그것을 아이들에게 읽어주기도 했다. 명작동화나 《삼국지》 같은 경우에는 미리 아이들에게 이야기를 들려줌으로써 흥미를 유발한 후 책을 사다 주어 독서를 유도했다. 그의 막내아들은 특히 삼국지 이야기에 흥미를 느껴서, 책을 싫어하는 데도 불구하고 초등학교 3학년에 이미 월탄 박종화의《삼국지》6권을 완독했다.

황보태조의 책을 읽으며 그의 방법과 내 방법이 너무 똑같아서 놀랐다. 나도 아이들의 독서 습관을 들이기 위해서 해리포터 전체 시리즈를 영화로 다 보여주고 나서 책 읽기를 권했다. 해리포터는 전체 24권으로 어른들이 읽으려 해도 끈기와 인내심이 필요하다. 그런데 찬유는 초등학교 2학년 겨울방학 때 24권을 다 읽어서 우리 부부를 놀라게 했다. 방학 때 학원에 보내거나, 문제집을 풀도록 하지 않고 독서 습관을 잡아 준 것은 지금 생각해도 정말 잘한 일이다. 왜냐면 독서 습관은 평생을 가는 것이고, 그 시기가 늦을수록 어렵기 때문이다.

아빠가 배우고 아이가 가르치는 역발상 공부법

아빠는 수학을 잘 못했지만 아이들의 과외선생 노릇을 톡톡히 해냈다. 자신이 가르치는 것이 아니라 배우는 역발상 방법으로 말이다. 그는 아이들이 수학 문제를 힘들게 풀고 나면 "아빠가 무슨 말인지 잘 모르겠는데 쉽게 이야기해줄 수 있겠니?"하고 물어보았다. 그러면 아이들은 아빠에게 설명하면서 다시 한번 수학을 익혔다. 그리고 자신이 아는 것과 모르는 것을 정확히 알고 부족한 부분은 다시 공부했다.

이 방법은 과학적으로 증명된 방법이다. 미국 행동과학연구소에서 가장 효율적인 공부방법을 실험했다. 사람들을 강의 듣기 등 7개 그룹으로 나누어 공부하게 하고 24시간이 지난 뒤에 얼마나 많은 지식이 남아있는지 확인하는 실험이었다. 연구 결과 강의 듣기는 5% 남았고, 서로 설명하기는 95%가 남아서 가장 높았다.

하루도 빠짐없이 영어를 들려주기만 했을 뿐인데

그는 첫 딸이 중학교에 들어가자마자 영어 테이프를 사서 들려주었다. 그는 영어를 잘 못했지만 '갓난아기가 말을 배울 때처럼 자꾸 듣고 말해보는 게 중요하다'고 생각했다. 하루도 빠짐없이 영어를 듣고 따라하던 딸은 시간이 조금 지나자 스피커에서 나오는 사람과 발음이 똑같아졌다. 둘째도 셋째도 넷째도 그렇게 영어공부를 했다.

막내가 시내의 중학교에 입학할 무렵, 그는 차로 아이를 데려다 주기 시작했다. 등교길은 매일 12분 정도가 걸렸는데 그 동안 차 안에서 영어 교과서 테이프를 들은 막내는 나중에 교과서를 통째로 암기하기에 이르렀다. 막내가 경북 과학고에 다닐 때는 영어 선생님이 어떻게 영어공부를 했는지 그 비결을 물어볼 정도였다. 5남매는 모두 동일한 방식으로 영어공부를 했고 사교육 한 번 받지 않고 최고의 영어 실력을 갖게 되었다.

나는 지금껏 수많은 명문가의 영어교육 사례를 살펴보았는데, 한결같이 그 방법이 비슷했다. 매일 영어를 듣고 따라하는 것이다. 영어공부는 그 같은 방법이 가장 효과적인 것으로 생각된다. 한 가지가 더 추가된다면 황보태조처럼 부모의 성실함이 필요할 것이다.

요즘 황보태조는 전국에 뿔뿔이 흩어져 사는 5남매의 집을 돌아다닌다. 자신이 5남매에게 했던 밥상머리교육과 공부방법의 노하우를 손자와 손녀에게 전수하고 있다. 아마도 손자와 손녀들은 5남매 못지않게 성장할 것이고, 훗날 이 집안은 명문가의 반열에 오를 것이다.

시골 농부가 5남매를 의사와 약사로 키운 것은 우연이 아니다. 그것은 자녀교육에 대한 관심과 고민 그리고 부지런한 실천 덕분이었다. 아빠는 최고의 선생님이었고, 밥상은 최고의 교실이었다.

육아서 1,200권을 읽은 아빠, 기적을 만들다

이상화

아내는 몸이 좋지 않았다. 누워있는 시간이 많았다. 남편은 어쩌면 혼자 아이를 키워야 하는 날이 올지도 모르겠다는 생각까지 들었다. 병원비와 생활비로 빚은 점점 더 늘어났다. 가족들은 단칸방에서 힘겹게 버티고 있었다. 그는 세 개의 직업을 갖고 뛰어다녔지만 삶은 나아지지 않았다. 아이들과 놀아주고 싶었지만 밤낮으로 돈을 버느라 정말 시간이 없었다. 아픈 아내를 대신해 어떻게 아이를 키워야 할지 막막했다. 사실 아빠는 늘어나는 빚보다 그게 더 걱정이었다.

고민 끝에 육아서를 읽기 시작하고 무료 자녀교육 강좌를 찾아다녔다. 감이 좀 잡히는 듯했다. 아이를 잘 키우는 게 곧 행복하게 사는 길임을 알게 되었다. 처음에는 책마다 '이렇게 키워라, 저렇게 키워라'며 육아방법이 달라서 혼란스럽기도 했지만 그럴수록 육아서를 파고들었다.

그렇게 읽기 시작한 육아서가 무려 1,200권을 넘어섰다. 육아에 대한 자신감이 생겼다. 그때부터 자신만의 육아방법을 아이들에게 적용하기 시작했다. 한 달에 백만 원도 못 벌 때가 많았지만 변화되는 아이들을 보면 마음이 편안해졌다. 돈이 없는 아빠는 대신 아이들에게 시간을 썼다. 그 선택은 옳았다. 아이들의 변화가 확연히 눈에 보였다.

첫째 아들 재혁이는 초등학교를 졸업할 무렵에 30,000권의 책과 3,000권의 스토리 영어책을 읽었다. 초등학교 5학년 때부터 구청 복지관에서 다른 아이들에게 영어, 중국어, 수학을 가르치는 봉사를 했다. 지금은 청심 국제중학교를 졸업하고 하나 고등학교에 다니고 있다. 둘째 아들 시훈이는 초등학교 5학년이다. 초등학교 입학 후에 영어책 7,000권 이상을 읽었고, 한글 책은 26,500권을 넘게 읽었다. 400여 편의 외국영화를 시청하고 평론하는 걸 좋아한다.

두 형제 이야기가 소문이 나면서 SBS 〈영재발굴단〉에 출연하게 되었다. 이로 인해 아빠의 인생은 달라졌다. 육아서 1,200권을 읽고 나만의 방법으로 아이들을 키운 그는 현재 1,200회 이상 강연한 스타강사가 되었다. 그리고 학원 한 번 가지 않고 영어를 정복한 두 아들의 방법을 토대로 '맘스영어독서클럽'을 창업하고 인생역전에 성공했다. 책을 읽는 사람에서 쓰는 사람으로 변화한 것이다. 그는 벌써 몇 권의 책을 썼다.

절박한 순간에 살아남기 위해 시작했던 생존 독서. 그 결과 아이들이 달라졌고 그걸 지켜보던 그는 행복해졌다. 돈은 없었지만 시간은 많았다. 시간은 누구에게나 평등하게 하루 24시간이 주어진다. 그는 그 시간을 온전히 아이들에게 쏟았다. 아이들은 영재 소리를 들으며 자라고 있으며, 그의 인생도 완전히 변했다.

먼저 책 읽는 습관을 들인 아빠

책 읽는 습관을 들이기 위해 아빠는 아이를 데리고 매일 도서관에 갔다. 당시 그는 컴퓨터 방문교사를 해서 시간의 여유가 있었다. 자녀에게 책 읽는 습관을 들이기란 참 힘든 일이다. 나 또한 아이가 책을 끈기 있게 읽고 책을 좋아하도록 다양한 방법을 썼다. 이상화도 마찬가지였다. 생텍쥐페리가 '배를 만들기 전에 바다를 동경하게 만들라'고 한 것처럼 그는 아이가 도서관을 먼저 좋아하도록 만들었다.

"아빠, 오늘은 어디 가?"

"한밭도서관에 가. 라면과 밥이 아주 맛있어."

"아빠, 오늘은 어디 가?"

"가수원도서관에 가. 사과나무와 구피가 있거든."

"아빠, 오늘은 어디 가?"

"서구어린이 도서관에 가. 공룡과 자동차가 많잖아?"

"아빠, 오늘은 어디 가?"

"둔산도서관에 가. 컴퓨터와 네가 좋아하는 〈와이(why)〉 책이 많아."

— 《평범한 아이를 공부의 신으로 만든 비법》 이상화 지음 중에서

그는 아이가 책을 재미있게 느끼도록 손 인형 5개를 사서 복화술까지 연습해 역할극을 하며 책을 읽어주기도 했다. 아이는 그 시간을 무척 좋아했다. 아이가 책을 읽기 싫어하는 날이면 도서관 옆에서 배드민턴만 치고 온 적도

있었다.

그는 아이들에게 도서관을 신나게 놀러 가는 곳으로 인식시켰다. 한참 놀다가 아빠가 도서관에 들어가 책을 읽으면 아이가 다가와 "책이 재미있어?"라며 아빠에게 물었다. 아빠는 "궁금하면 너도 한 번 읽어보든가"라고 답했다. 어느새 아이는 옆에 앉아서 책을 보고 있었다. 그렇게 아이는 차츰 책을 좋아하게 되었다. 그는 아이들이 태어난 후 17번에 걸쳐 이사했는데, 모두 도서관 근처로 갔다. 책을 사줄 형편이 안 되었기 때문이다. 도서관에서 책을 빌려온 아이들은 매일 하루에 한 시간 이상 책을 읽었다.

외국 생활 없이 프리토킹이 되는 아이

아빠는 아침에 일어나면 아들과 매일 영어로 가볍게 인사를 주고받는다. 아들에게 영어는 공부가 아니라 일상생활에서 사용하는 친근한 말이라는 걸 느끼게 해주고 싶어서다. 유창한 영어가 아니라 "What time?" 등 쉬운 말로 대화를 나눈다. 간단한 생활영어책을 한 권 사서 보면서 하거나, 스마트폰으로 구글 번역기의 도움을 받으면 누구나 가능한 일이다.

그의 목표는 영어시험에서 높은 점수를 받는 아이가 아니라 영어를 스스럼없이 말할 줄 아는 아이다. 영어학원에 오랫동안 다닌 아이들은 영어 독해도 잘하고, 시험문제를 잘 풀지만 말하기는 어려워한다. 우리 영어교육의 가장 큰 문제점이다. 영어학원에서 교재로 배운 영어는 시험문제를 푸는 데 도움이 될지는 모르지만, 실전에서는 말문을 열기가 어렵다.

그에 반해 이상화는 아들이 등교 준비를 할 때 영어 스토리 책을 틀어준다. 영어가 아들의 귀에 스며들도록 환경을 만들어주는 것이다. 지금도 그는 아들의 영어실력을 키우기 위해 다양한 방법을 연구하고 있다. 어느 날은 원어민들의 언어습관을 관찰하다가 무릎을 쳤다. 원어민들의 대화하면서 어제, 오늘, 내일을 자주 말하는 걸 발견한 것이다. 그는 거실에 보드판을 걸어두고 어제, 오늘, 내일을 적기 시작했다.

Yesterday was Tuesday, August 7th, 2018.

Today is Wednesday, August 8th, 2018.

Tomorrow will be Thursday, August 9h, 2018.

그리고 아이들에게 적도록 권했다. 때때로 아이들과 스톱워치로 누가 빨리 적는지 시합하면서 재미를 불어넣었다. 아이들은 4년 동안 매일 적었다. 아빠는 "이것만큼 살아 있는 영어도 없다"며 큰 효과를 경험했다고 한다.

세계적인 읽기 학자 스티븐 크라센 교수는 저서 《읽기 혁명》에서 "책 읽기는 영어를 마스터하는 최선의 방법이 아니라 유일한 방법이다"라고 말했다. 이상화는 그 말을 되새겼다. 그는 온라인 영어도서관을 선택해서 지속적으로 읽혔다. 학부모라면 잘 알고 있겠지만 요즘은 교육청 또는 학교에서 협약을 맺은 무료 온라인 영어도서관이 많이 있다.

우리 아이들도 '리딩게이트'를 무료로 듣고 있다. 영상을 보며 책을 읽고 간단한 문제도 풀 수 있어 흥미를 가지고 본다. 나도 직접 해보았는데 종이책보다 훨씬 생동감이 있어 재미를 느낄 수 있었다. 작년에 아들은 리딩게이트를 통해 꾸준히 영어책을 읽어 다독상을 받기도 했다. 딸 지유는 EBS '초목달'로 영어책을 보고 있다. 두 아이 모두 매일 동화책을 따라 읽으면서 영어발음이 매우 좋아졌다.

이상화는 도서관을 이용한 지 6개월 정도 지나 아이가 재미를 잃으면 다른 온라인 영어도서관으로 옮겨 변화를 주었다. 그렇게 4년 동안 리딩오션스, 샘틀누리, 리틀팍스, 하이라이츠 라이브러리를 번갈아가며 활용한 덕분에 아이들은 재미를 잃지 않고 공부를 지속할 수 있었다. 초등학교 5학년인 시훈이가 영어 스토리북 7만 권을 읽을 수 있었던 원동력은 아빠의 세심한 배려였다.

영어독서로 실력을 다진 시훈이는 초등학교 2학년 때 카이스트 영어영재 시험을 보았지만 면접에서 떨어졌다. 아이는 "말이 나오지 않았어요. 아빠!"라며 슬픈 표정을 감추지 못했다. 아이를 위해서 그는 영어 말하기를 효과적으로 배우는 방법이 무엇일까 고민하다가 화상영어, 영어일기, 영어 책 만들기를 같이했다.

영어일기를 쓰려면 다양한 표현을 알고 있어야 하므로, 아빠는 도서관과 서점을 다니면서 영어일기 책을 찾았다. 그가 활용한 영어일기 책으로는 《(내가 쓰고 싶은 말이 다 있는) 초등 영어일기 표현사전》, 《(초등학생이 쓰고 싶은 말이 다 있는) 영어일기 표현사전》, 《따라 써봐! 영어일기》가 있다. 그는 아이들에게 영어일기 책을 사주고 필사하도록 시켰다. 따라 쓰다 보면 '영어로 일기를 쓰는 것도 생각보다 어렵지 않구나, 이런 표현도 있네'라며 스스로 영어표현을 체화하게 된다.

그 덕분인지 영어일기 필사를 시작한 지 10개월이 지났을 무렵, 아이가 영어 동화책을 쓰겠다며 도전을 했다. 영어실력이 한 단계 성장한 것이다. 그리고 2018년 2월에 시훈이가 쓴 영어일기를 모아 《10살, 내 아이 생애 첫 영어일기장》이라는 책으로 출간해 사람들을 놀라게 했다. 시훈이는 꾸준하게 영어일기를 써서 초등학교 5학년에 작가로 데뷔하게 되었다.

아빠가 가르친 것은 영어만이 아니었다

어느 날 아들이 '죄송하다'며 아빠에게 사과를 해왔다. 친구들과 야구장에서 아이스크림을 사먹었는데 사람들이 한꺼번에 밀려오는 바람에 어영부영 돈을 내지 않고 온 것이다. 친구들은 괜찮다며 죽을 때까지 비밀로 하자고 했지만 아들은 그 일이 계속 마음에 걸리는 모양이었다. 아빠는 솔직히 사실을 말한 아들을 칭찬했다. 그러나 잘못은 잘못. 아빠는 아들의 종아리를 걷어 회초리를 때렸다. 아들은 오히려 속 시원하다고 말했다.

밤 11시가 훌쩍 넘은 시간에 아빠는 아들을 태우고 30분을 달려 아이스크림 집으로 갔다. 아빠는 아들이 보는 앞에서 직원에게 사과를 하고 아이스크림 값의 10배를 냈다. 직원은 괜찮다며 원래 가격만 받고 돈을 돌려주었다. 돌아오는 길에 아들은 아빠에게 친구들한테 말하는 것이 좋을지 물었다. 아빠는 "친구를 위한다면 사실대로 말하고 다음부터는 그런 일이 없도록 하는 게 좋지 않을까? 그러나 선택은 네가 하는 거다"라고 말해 주었다. 다음 날 아들은 친구들에게 그 사실을 말하고 다시는 이런 일을 하지 않겠다고 다짐했다. 아들은 친구들에게 바른 생활 사나이라며 칭찬받고 어깨가 으쓱거렸다. 아들은 이 일을 통해 아빠를 어떻게 생각했을까? 사소한 일이지만 아이는 아빠로부터 삶의 태도와 인성을 배웠을 것이다.

이상화의 열성적인 영어 교육은 단지 아이를 영재로 만들기 위한 것이 아니었다. 아이를 어떻게 키울 것인가, 어떻게 키워야 제대로 잘 키울 수 있을까를 연구하며 무려 1,200여 권의 육아서를 읽은 고민의 결과였다. 거기에는 환경을 극복하기 위한 아빠의 노력, 아이에게 최선을 다하고자 하는 마음, 스스로 모범을 보임으로써 삶의 귀감이 되고자 하는 열의가 담겨 있었다. 아이들은 아빠의 그런 모습에 자연스럽게 반응하였던 것이다. 그것이 아이에게는 영어 영재의 타이틀을, 아빠에게는 인생 역전의 기회를 주었다.

아들을 16세에 대학교수로 만든 시골 목사의 비결

칼 비테

레오 위너 교수는 하버드대 서고에서 뿌옇게 먼지가 쌓인 《칼 비테의 자녀교육법》을 우연히 집어 들었다. 그 책은 독일의 시골 목사 칼 비테가 자신의 아들 칼 비테 주니어를 영재로 만든 비법을 적은 책이었다. 1819년에 출간되었지만 100여 년간 사람들에게 잊혀져있던 칼 비테의 책이 다시 세상 밖으로 나온 순간이었다.

칼 비테는 목사인 동시에 교육에 관심이 많은 학자이기도 했다. 그는 미숙아로 태어난 아들을 그만의 독창적인 방법으로 교육했다. 당시 독일에는 잘 가르친다고 명성이 자자한 학교들이 많았지만 그는 아들을 직접 교육하는 방법을 선택했다. 칼 비테는 아빠 육아의 선구자라 할 만하다. 그의 교육을 통해 아들은 9세에 6개 국어를 자유롭게 구사하는 수준이 되었다. 이 일은 동네방네 소문이 났다. 대학교수들은 소문이 진짜인지 확인하고 싶어 너도나도 칼 비테의 아들을 평가하겠다고 요청했다. 칼 비테는 아들이 어린 나이에 주목받는 것이 걱정되어 '아들이 평가를 받는지 모르게 자연스럽게 하겠다'는 다짐을 받고나서야 허락해 주었다. 아들을 평가한 교수들은 소문이 진실이라는 것을 알게 되었고, 특히 어린 나이에도 불구하고 칼 비테 주니어의 겸손함에 큰 감동을 받았다.

이후 여러 대학에서 칼 비테 주니어에게 장학금을 주고 데려가려는 경쟁이 붙었다. 칼 비테 주니어는 그중 라이프치히 대학교를 선택했다. 총장이 전액 장학금은 물론 생활비까지 후원을 받아주었기 때문이다. 입학 당시 그의 나이는 불과 열 살이었다. 이후 13세에 기젠 대학교에서 철학박사 학위를 받았고, 16세에는 하이델베르크 대학교에서 법학박사 학위를 받았다. 그리고 곧바로 베를린 대학교 법학부 교수로 임용되었다. 지금도 파격이지만 당시에도 무척 파격적인 일이어서 유럽이 떠들썩했다.

언어학자였던 레오 위너는 책을 읽으며 깊은 감명을 받았다. 그에게는 아들 노버트 위너가 있었고 자신의 아들을 칼 비테의 자녀교육법으로 교육시키겠다고 공개적으로 약속했다. 이후 어떤 일이 벌어졌을까? 노버트 위너는 칼 비테처럼 10세에 터프트 대학에 입학해서 14세에 졸업했다. 이후 하버드대에 입학해서 18세에 철학박사 학위를 받아 MIT 교수가 되었다.

레오 위너의 동료 발 박사도 자녀들을 칼 비테의 교육법으로 키웠고 4남매 모두 천재 소리를 들으며 자랐다. 큰딸은 15세에 대학교에 입학했고, 아들은 13세에 하버드대에 입학해 3년 만에 졸업하고 변호사가 되었다. 그때까지 칼 비테의 자녀교육법을 비판적으로 바라보던 사람들은 비로소 그를 시골 목사가 아니라 천재를 키우는 교육학자로 인정했다. 그리고 천재는 타고나는 것이 아니라 올바른 교육을 하면 누구나 천재가 될 수 있음을 깨닫게 되었다.

조기교육에 대한 칼 비테의 생각

프랑스의 철학자 엘베시우스는 이렇게 말했다.

"사람은 누구나 똑같이 태어난다. 하지만 어떤 환경에서 자랐는가에 따라 누구는 천재가 되고 누구는 보통 사람이 될 수 있으며 심지어 바보가 될 수도 있다. 하지만 올바른 교육을 받으면 평범한 아이도 위대한 사람이 될 수 있다."

칼 비테는 엘베시우스의 말을 믿었다. 자신의 아들 칼 비테 주니어를 두뇌가 형성되는 시기 때부터 조기교육을 시켰다. 그가 조기교육을 한 이유는 사람의 잠재력 발현에는 시기가 있다고 믿었기 때문이다.

칼 비테는 스콧 부부의 사례를 듣고 더 확신을 가졌다. 스콧 부부는 바다 여행을 하다가 사고로 무인도에 도착했는데 부부는 이미 숨졌고 태어난 지 9개월이었던 아들만 살아남았다. 아들은 섬에 있던 고릴라들과 생활하다가 20년이 지나서 우연히 발견되었다. 사람들은 그를 데려와 옷을 입히고 언어를 가르쳤지만 끝내 배우지 못했다. 화가 날 때는 고릴라처럼 울부짖었다.

칼 비테는 스콧 부부의 아들이 언어를 발달시킬 잠재시기를 놓친 것으로 보았고, 사람은 누구나 잠재력이 있지만 아이가 성장하면서 점점 사라진다고 믿었다. 스콧 부부의 사례를 통해 칼 비테는 조기교육의 필요성을 더욱 느끼게 되었다.

아버지가 개발한 특별한 게임들

칼 비테는 아들이 갓난아기 때부터 사물의 이름을 정확히 익히고 말하도록 교육했다. 아들이 제대로 발음을 못하면 다시 또박또박 사물의 이름을 알려주었다. 칼 비테는 아들의 눈에 포착되는 거의 모든 사물의 이름들을 알려주고 질문해서 그 답을 다시 들었다. 아들은 주변의 모든 사물을 익히고 정확히 발음하는 방법을 배웠다. 그런 교육은 반복되었고 시간이 조금 흐르자 아이는 거의 모든 단어를 정확히 발음하게 되었다. 칼 비테의 집에 방문한 어른들은 갓난아기의 말을 듣고 놀라움을 금치 못했다.

칼 비테는 아들이 걸음마를 시작하고부터 관찰력을 키워주는 게임을 했다. 같이 산책 중에 상점에 들어가 구경했다면, 잠시 후 그곳에 어떤 물건들이 있었고 특징은 무엇인지 질문했다. 아들이 구체적인 답변을 하면 칭찬해주었다. 칼 비테의 게임을 통해 아들은 사물을 주의 깊게 보는 관찰력, 그것을 기억해내는 기억력, 아버지에게 알려주며 말하기 능력을 극대화할 수 있었다. 또한 산책하다가 보이는 사물들을 어떻게 읽고 쓰는지 물었다. 가령 나무가 보이면 "저건 뭐니?"라고 물어보고, 아들이 "나무"라고 대답하면 글자로 어떻게 쓰는지 묻는 식이었다. 이런 여러 가지 게임을 통해 아들은 모국어를 빠른 시간에 습득하고 외국어를 배우기 시작했다. 외국어는 사람들에게 추천받아 전문가를 집으로 불러서 배웠다.

칼 비테는 아이가 서너 살이 되자 본격적으로 주변 도시들을 함께 다니며 보고 들은 현상에 대해 이야기를 나누었다. 칼 비테는 아들이 여러 계층의 사람들을 만나고, 여러 사회현상들을 경험하도록 했다. 시장에서 물건을 사고파는 사람들의 행동, 사람들의 모임, 광산에서 벌어지는 작업, 축제 현장에서 춤추는 사람들 등 인상적인 것이면 무엇이든지 경험하고 서로 대화를 나누었다. 부부는 아들과 여러 현상들에 관해 질문하고 대답하는 과정에서 아들이 그것을 이해하도록 도왔다.

> 우리는 칼(아들)이 이런저런 일에 대해 잘 이해했는지, 또 그 일이 마음에 드는지 종종 물어보았다. 얼마 지나지 않아 칼은 자신이 보고 들은 것을 설명하고 토론하는 데 익숙해졌고, 나중에는 스스로 나서서 우리에게 설명하고 질문을 던지거나 우리 의견에 반론을 제기하기도 했다.
>
> — 《칼 비테의 자녀교육법》 칼 비테 지음 중에서

사물을 보고 정보를 전달하는 게임은 나도 효과를 경험한 방법이다. 나는 초등학교 6학년 때 처음 영어를 배우기 시작했는데 선생님께 발음기호를 배운 이후에는 간판의 영어 글씨와 자동차의 영어이름을 보면서 읽기 연습을 해서 금방 영어를 읽을 수 있었다. 이 방법이 오랫동안 기억에 많이 남아서 지유와 찬유가 한글과 영어를 배울 때 활용했다. 길을 가다가 보이는 한글과 영어를 수시로 읽어보는 게임을 했는데 그 덕분에 아이들은 금방 한글과 영어를 익혔다. 이제 아이들은 습관이 되어서 밖에 나가면 모든 글자들을 유심히 보고 특이한 글자가 있으면 알려준다.

작년부터는 더욱 특별한 경험을 하게 되었다. 아이들이 책을 보다가 오타를 발견하거나 어색한 표현이 있으면 가져와서 자랑하듯이 내게 알려준다. 겨울방학 때 해리포터를 읽은 아이들은 많은 오타를 찾아내서 아내와 나를 놀라게 만들었다. 곰곰이 생각해보니 이런 습관은 밥상머리교육에서 토론을 하며 다져진 것으로 생각되었다. 우리 가족은 신문으로 토론을 자주 하는데 간혹 기사 제목이 이상하거나 오타가 발견되면 아이들에게 직접 고쳐보도록 시켰다. 그런 일이 몇 번 반복된 이후로 아이들은 오타를 귀신같이 찾아낸다. 책에서 오타와 잘못된 표현을 찾아내려면 어휘력은 물론 상당한 집중력과 이해력이 필요하다.

역할 놀이로 인성을 키우다

사람을 배려하는 능력이 곧 인성이다. 칼 비테는 아들의 인성교육을 위해 역할극을 자주 했다. 아들이 엄마 역할을 하면, 칼 비테는 아들 역할을 하는 식이었다. 칼 비테는 아들이 엄마로서 지시를 내리면 일부러 따르지 않았다. 그러면 아들은 진지하고 엄하게 칼 비테를 혼냈다. 때로는 아들이 남편 역할을 맡고 칼 비테는 아내의 역할을 맡았다.

칼은 아내 역할을 맡은 저와 온갖 문제를 논하면서 우리 교육문제 등에 대해 놀랄 만한 의견을 제시했어요. 간혹 제가 칼의 단점을 하나씩 이야기할 때면 칼은 저를 달래면서 이런 말로 대화를 끝맺곤 했죠. "여보, 걱정하지 말아요! 칼은 괜찮아질 테니!" 제가 아이의 행동을 교정할 방법에 대해 이런저런 조언을 구하면, 칼은 다양한 해결책을 내놓았답니다. 제가 그 방법들은 이미 다 사용해 보았다고 대답할 경우, 칼은 단호한 태도로 이렇게 말했어요. "이도 저도 소용이 없다면 때리세요. 그러면 반성하겠죠."

—《칼 비테의 자녀교육법》 칼 비테 지음 중에서

생생한 놀이로 상상력을 키우다

아들은 칼 비테와 여행 게임을 하며 세계 어디로든 상상 속 여행을 떠났다. 아들은 집안의 모든 물건들을 활용해 여행 놀이를 즐겼다. 아들이 런던을 간다고 하면 책상이 런던이 되었고, 의자는 마차가 되는 식이었다. 런던을 거쳐 파리로 가면 탁자가 파리로 변했다. 가다가 비가 오면 책이 우산이 되었다.

여행 준비는 철저히 했다. 지도를 보고 여행 거리와 도로 상태를 예상했고 여러 볼거리들을 생각해 여행시간을 계산에 넣었다. 그리고 걸어갈 건지 마차를 타고 갈 건지 선택했다. 아들이 너무 빨리 여행지에 도착하거나 늦으면 칼 비테가 알려주었다. 아들은 여행지에서 사람들을 만나 이야기를 나누었는데 이야기 상대는 칼 비테였다.

아들은 여행을 다 마치고 나면 칼 비테에게 여행을 다녀온 소감을 들려주었다. 다음에는 칼 비테가 여행객이 되었다. 아들은 책에서 읽었던 나라와 도시들의 정보를 여행 게임을 통해 풀어냈다. 아들은 즐거운 여행을 위해 곳곳의 지리를 익히고 그 지방의 풍습과 사람들에 대해 공부하는 걸 좋아했다. 무엇보다 상상력이 풍부해졌다.

지도 그리기로 두뇌를 격동시키다

칼 비테는 아들과 산책을 즐겼다. 시내를 가로질러 숲을 거닐며 다양한 대화를 나누고 마을의 풍경을 머릿속에 담았다. 그리고 마을에서 가장 높은 탑에 올라가 전경을 보았다. 아들은 집으로 돌아와서 마을지도를 그렸다. 다음날 다시 탑에 올라가서 자신이 그린 지도와 마을 전경을 비교해서 수정했다. 이것을 몇 번 반복하면 지도가 완성되었다.

칼 비테는 아들을 데리고 여행을 자주 다녔다. 아버지는 낯선 곳을 산책하며 도시의 생성 배경과 역사를 아들에게 말해 주었다. 아들은 새로운 마을, 강, 산, 성당, 상점 등의 환경과 사람들을 유심히 관찰했다. 그리고 도시의 가장 높은 곳으로 올라가 전경을 꼭 보고 지도를 사서 왔다. 여행에서 돌아오면 지도를 그렸다. 자신이 그린 지도와 구입한 지도를 비교하며 수정했다. 아들은 이제 어느 곳을 여행해도 현지의 뒷골목까지 생생히 기억하고 도시의 전경을 그릴 수 있었다. 덕분에 아들이 아홉 살이 되었을 때는 상당히 많은 지도를 갖게 되었다.

칼 비테는 지도 그리기를 통해 무엇을 가르치려 했을까? 나무가 아닌 숲을 보는 법? 아니다. 나무와 숲을 동시에 보는 법을 깨우치는 것이 그의 목표였다. 지도 그리기는 부분을 자세히 보는 관찰력과, 전체를 이미지로 조망하는 미적 감각을 키워주었다. 관찰력은 좌뇌를, 미적감각은 우뇌를 활성화시켜 두뇌 전체를 격동하게 만들었던 것이다.

고시 합격자 5명을 배출한 아버지의 교육법

송하성

시골의 가난한 집안에서 2대에 걸쳐 5명의 고시 합격자사법고시 3명, 행정고시 2명가 나왔다. 대한민국 건국 이래 처음 있는 일이라고 한다. 사람들은 기적이라고 말하지만 그 비결에는 두 명의 아버지가 있었다. 송병수는 6남매 중 4명을 고시 합격자로 만든 아버지이다. 장남 송하성은 동생들과 함께 자취를 하는 동안 아버지 역할을 대신해 고시 합격을 이끌었다.

신화의 시작은 송하성이었다. 그는 상고를 나와 어렵게 대학에 다니다 행정고시에 합격했다. 파리1대학에서 박사학위를 받았고 고위공무원으로 퇴직해서 현재는 경기대 교수로 있다. 송영천은 삼남으로 사법고시에 합격하고 서울고법 부장판사를 거쳐 변호사 활동하고 있다. 사남인 송영길 국회의원은 택시운전사 등 여러 직업을 전전하다가 32살에 사법고시에 합격하고 인천광역시장을 역임하였다. 맏딸이자 다섯째인 송경희는 결혼하고 평범한 직장생활을 하다가 고시에 합격하는 오빠들에게 자극받아 뒤늦게 행정고시에 합격해

방송통신위원회에서 근무하고 있다. 고시에 합격한 이들 4남매는 일류대학을 나와서 고시 공부를 계속했던 것이 아니라 하나같이 생업을 이어가며 힘들게 도전한 끝에 꿈을 이룬 비주류들이다. 송하성은 자신이 자라온 집안과 형제들에 관해 이렇게 말했다.

- 모두 농촌에서 자라 중학교까지 다녔다
- 고등학교 때에야 도시로 나가 공부했다
- 자취생활을 하며 학교를 다녔다
- 형제가 서로 이끌어주며 공부했다
- 처음 대학입학시험에 실패했다
- 고학으로 대학을 다니며 고시 공부를 했다

— 《현대 명문가의 자녀교육》 최효찬 지음 중에서

송하성은 어머니에게 "장남이라고 태어난 게 특별히 공부를 잘하지도 못하고 어리바리해서 두드려 맞고나 다니니 저걸 어디다 쓸까"란 걱정을 들으며 자랐다. 중학생 때까지 상장 하나 받아 본 적이 없던 그는 어떻게 고시에 합격하고 줄줄이 동생들을 고시에 합격시켰을까? 신화는 거기서 끝나지 않고 대대로 이어졌다. 송하성의 큰아들은 대학교 3학년 때 사법고시에 합격해서 서울동부법원에서 판사로 재직 중이다. 공부에 흥미가 없던 작은아들을 위해 100일 동안 특급작전을 펼쳐 명문대에 보냈다. 동생들과 자녀들에게 진정한 아버지 역할을 했던 그의 아버지다움은 무엇이었을까?

떨어져 지내면서도 아이들을 키워낸 아버지의 편지

6남매의 아버지 송병수는 홀어머니를 모시고 농사를 지으며 독학으로 중고등학교 과정을 마쳤다. 그리고 결혼해서 자녀가 3명이나 있을 때 시골 고흥군 면서기9급 공무원에 도전하여 임용되었다. 현재 9급 공무원의 월평균 임금이 186만 원 정도인데 그때는 더욱 적었을 것이다. 박봉으로 6남매를 키우기 위해 휴일에는 농사일을 했고 저녁에 퇴근하고 집에 오면 늘 책을 보았다. 그런 아버지의 모습에 아이들도 책과 친해졌다.

부모는 장남 송하성이 광주상고에 입학하자 자취방을 구해 떠나보냈다. 뒤의 동생들도 마찬가지였다. 중학교까지는 시골에서 다니고 고등학교는 모두 광주로 가면서 부모와 떨어졌다. 송병수는 어린 나이에 아이들이 하나 둘씩 고향을 떠나자 편지에 그리움과 당부를 실어 보냈다. 1982년에 그가 딸 송경희에게 보낸 편지의 일부분이다.

"경희야. 너는 초등학교 때부터 번번이 아버지를 기쁘고 흐뭇하게 해준 효녀요, 귀염둥이다. 더욱 성실하고 부지런하여 순결을 지키는 자랑스러운 딸이 되어줄 것을 믿고 기대한다. 너의 3월 말 고사 성적표를 복사해 영건, 영길 두 오빠의 편지에 넣어 보내었다. 왜 그랬는지 너는 아버지의 뜻을 알겠지. 항상 4대 조심(차, 불, 사람, 도둑)에 유의하여라. 적은 생활비지만 영양식에도 소홀히 해서는 안 된다."

훗날 송하성이 편지들을 엮어 《부자유친》이라는 책을 출간했을 정도로 수많은 편지들이 오고 갔다. 송하성은 아버지의 회갑기념 문집에 아버지를 이렇게 소개했다.

내 아버지는 높은 자리에 오르신 분이 아니다. 돈이 많은 사람도 아니다. 고흥에서 흙과 더불어 진실하고 성실하게 살아온 보통 삶일 뿐이다. 우리 6남매는 아버지를 진정으로 존경한다. 그리고 따른다.

인생을 변화시킨 강연

공부를 특출나게 잘하는 사람들은 두 가지 부류로 나뉜다. 첫째, 타고난 사람이다. 머리가 좋은데다 성실함까지 갖춰 '공부가 제일 쉬웠어요.'라고 말하는 사람들이다. 둘째, 성장과정에서 어떤 계기가 있어 오로지 피, 땀, 눈물겨운 노력으로 성취를 이룬 사람들이 있다. 송하성은 후자다. 그는 광주상고에 입학해 중간 정도의 성적을 유지하고 있었다. 당시 상고에 입학하는 학생들의 꿈은 은행원이 되는 것이었다. 송하성도 다르지 않았으나, 평범한 학생이었던 그에게는 그마저도 벅차게 여겨졌다.

어느 날 송하성은 고교 1학년생으로 광주 중앙교회에서 개최한 특별강연을 듣고 있었다.

"여러분들 중 나중에 커서 조그만 구멍가게 주인이 되고자 하는 꿈을 가진 이가 있습니까? 그러면 구멍가게 주인밖에 못됩니다. 더 큰 꿈을 가지십시오!"

그 이야기를 들은 송하성은 숨이 막혔다. 문득 은행원이란 꿈이 부끄럽게 생각되었다. 지금은 비록 가난하고 몸이 약한 평범한 학생이지만 큰 꿈을 가진다는 생각만으로도 뭔가 변화되는 느낌을 받았다. 그는 자신을 완벽하게 변화시키기 위해서 '광주상고 수석'으로 꿈을 정했다. 그리고 공부를 계획하고 실행하며 점점 몰입하게 되었다. 당시 송하성은 고향의 시골마을을 떠나 광주에서 동생들과 자취를 하고 있었다. 송하성의 변화는 동생들의 변화로 이어졌다.

> 내가 얼마나 공부를 열심히 했는지를 말할 수 있는 증인이 바로 내 동생들이다. (중략) 그저 큰형이 하는 것을 보고 흉내 내면서 따라오는 것이 전부였다. 아우들은 미친 듯이 열심히 공부하는 큰형의 모습을 보면서 자신들도 그래야 하는 줄 알고 형을 따라 열심히 공부하게 되었다. 우리 4남매와 나의 첫째 아들까지 송가네 5명이 고등고시에 합격하는 원동력이 된 것이다.
>
> —《기적의 송가네 공부법》 송하성 지음 중에서

마침내 송하성은 가난한 수재들이 모여 있는 광주상고에서 전체 수석이 되었다. 그를 보고 공부를 시작한 동생들도 똑같은 결과를 얻었다. 송하성은 장남으로서 아버지 역할을 톡톡히 해냈다.

사회적으로 성공한 사람들을 보면 자녀들과 강연회를 자주 다닌다. 강연자에게서 세상을 배울 수 있기 때문이다. 대개 강연자들은 한 분야에서 전문가에 오른 사람들이다. 평소에 만나기 어려운 그들에게 직접 듣는 삶의 지혜는 생생한 인문학이다. 평생학습이 뿌리를 내리면서 지자체에서 개최하는 무료특강이 많아졌다. 시간상 직접 참석하기 힘든 사람들은 TV로 봐도 좋다. 문재인 대통령이 권해서 화제가 된 〈명견만리〉 등 좋은 강연 프로그램이 많다. 단, 혼자 보지 말고 자녀와 함께 보라. 아이들은 '어떻게 살 것인가?'에 대한 답을 찾을 수도 있다.

아들을 명문대에 보낸 아버지의 100일 공부전략

송하성은 미국의 한국 대사관으로 발령받아 한동안 가족과 함께 미국에서 살았다. 아버지의 미국 근무가 끝나자 둘째 아들 요한은 한국의 중학교에 입학했다. 하지만 적응에 실패하고 다시 미국으로 돌아갔다. 고3을 앞두고 다시 한국으로 돌아온 아들은 나주의 기숙학교로 전학을 했다. 송하성의 고민이 깊어졌다. 그때 송하성은 "막내아들이 말썽을 피우고 공부를 하지 않아 훈계하고 늘 꾸짖었다"고 한다. 아버지와 아들의 사이는 점점 멀어졌다.

마침내 결단을 내린 송하성은 아들의 생일에 맞춰 나주로 내려갔다. 그리고 아들과 학교 기숙사에서 하룻밤을 같이 보냈다. 그때 아들은 장사꾼이 되고 싶다고 속내를 밝혔다. 송하성은 "잘 생각했다. 이왕이면 세계적인 장사꾼이 되어라!"라며 힘을 실어주었다. 그때까지 어두웠던 아들의 표정이 환해졌다. 그러나 송하성의 마음은 급했다. 대학교 입시가 코앞인데 벌써 7월이었고, 아들은 준비가 되어 있지 않았다.

송하성은 고민 끝에 '공부 버릇 들이기 100일 작전'을 시작했다. 먼저 아들에게 사랑의 마음을 전하기 위해 휴대폰 끝자리와 집의 현관문 비밀번호를 모두 아들의 생일로 바꾸었다. 그리고 주변 사람들에게 '요한이 아빠와 요한이 엄마'로 불러달라고 부탁을 했다. 아들은 자신의 꿈을 인정해주고 사랑을 주는 아버지에게 화답해 주었다. 고3 때까지 공부에 관심이 없던 아들이 입시를 앞두고 공부에 몰입하기 시작한 것이다. 그러나 내신성적이 낮아 정시로 대학에 가기는 어려워 연세대 영어특기자 수시 전형으로 길을 잡았다. 요한이 미국에서 학교를 다녔지만 영어특기자의 수준은 아니었다. 송하성은 아들에게 고시 합격자를 5명이나 배출한 '송가네 공부법'을 적용하기로 했다.

반복을 통해 습관이 바뀌고 그것이 버릇이 되면 결과가 달라진다는 것이 송가네 공부법의 핵심이다. 공부하는 습관이 생길 때까지 최소 100일 동안은 매일 자녀의 공부를 도와야 한다. 송하성은 "송가네 100일 전략을 실천한다면 100일 후에는 자발적으로 공부에 재미를 붙여 상위 1%의 우수한 학생으로 변모할 것이다"라고 자신한다.

요한은 아버지의 권유에 따라 영자신문 〈코리아 헤럴드〉를 매일 읽고 기사를 통째로 외우기 시작했다. 송하성은 매주 서울에서 나주로 내려가 아들의 공부를 점검했다. 60일 정도가 지나자 공부습관이 잡혔고 영어 실력이 부쩍 늘었다. 시험 때까지 영어 실력을 계속 끌어올렸고 결국 목표로 하던 연세대 경영학과에 합격했다.

이 같은 성공의 경험에 아들은 탄력을 받았다. 연세대에 입학하자마자 세계적인 장사꾼이 되기 위해 바로 베이징대 유학을 준비했다. 현재 요한은 베이징대에서 그 꿈을 실천하고 있다.

자신을 포함해 동생 3명과 아들까지 고시에 합격시키고 말썽 부리는 아들을 명문대로 보낸 송하성은 자식의 공부를 걱정하는 부모들에게 이런 말을 남겼다.

자녀가 공부 버릇에 길들여질 때까지 자녀를 사랑하고 믿어주어야 한다. 공부도 열심히 하지 않고 사랑스럽지도 않은데 어떻게 사랑하고 신뢰하란 말인가 하고 반문할 수 있을 것이다. 그래도 해야 한다. 처음엔 내키지 않아도 사랑한다고 말하고 사랑하려고 노력해야 한다. 그리고 앞으로 크게 잘될 것이라고 축복해야 한다. 계속 그렇게 말하고 기도했더니 정말로 막내아들을 사랑하게 되었다. 그리고 앞으로 크게 잘 될 것이라고 믿게 되었다. 그때부터 막내아들이 공부를 열심히 하기 시작했다. 사랑으로 크는 자녀는 절대 잘못되는 경우가 없다.

PART 02

엄마의 믿음이 아이의 잠재력을 키운다

아이에게 자기 믿음과 자기 긍정을 심어주는 것은
부모의 역할이자 책임이다. 아이들은 자신을
긍정하고 믿는 만큼 크게 자란다.
그러한 아이들은 시련 앞에서도 쉽게 좌절하지
않으며, 넘어지더라도 훌훌 털고 일어난다.
기회를 놓치지 않고 인생의 방향을 전환시킨다.
그러한 자기 믿음과 자기 긍정의 토양은 바로
부모의 인정과 무한한 믿음이다.

성적보다 중요한 것은 성장 가능성이다

조동심

두 자매가 있다. 언니 그레이스는 초등학교 게이트 시험도 떨어질 정도로 공부에는 재능이 없었던 평범한 소녀였다. 동생 크리스틴은 집 근처의 도서관 책은 모두 읽었을 정도로 어릴 때부터 독서와 공부에 재능이 있었다. 시간이 흘러 한 살 차이의 자매는 하버드대에 동시 합격해 큰 화제가 되었다. 그레이스는 흔히 말하는 노력파이고, 크리스틴은 타고난 실력파이다. 중학교 진학 전까지 평균 B학점을 넘지 못했던 평범한 그레이스에게 중학교 입학 이후 어떤 일이 있었던 걸까?

자신의 평범함을 비범함으로 바꾸고 당당히 하버드대에 합격한 그레이스. 하버드대 면접관은 그레이스의 합격 비결을 이렇게 말했다.

"SAT 미국 대학수능시험 점수가 낮은 것이 오히려 도움이 되었다고 할 수 있지요."

평범한 소녀의 결코 평범하지 않은 하버드대 도전기! 그 생생한 도전의 과정을 따라가보자.

마의 89점 벽을 넘어라

두 자매를 하버드대에 동시 합격시킨 조동엽, 조동심 부부는 그레이스가 5학년 때 캘리포니아에서 뉴욕으로 이사했다. 뉴욕의 비싼 물가 탓에 아내 조동심 씨는 그때부터 동네 꽃집에서 아르바이트를 하며 생계를 유지했다. 캘리포니아에서 나고 자란 그레이스는 좀처럼 뉴욕에 정을 붙이지 못하고 향수병에 시달렸지만 시간이 지나면서 차츰 적응해갔다. 부부는 그레이스를 보면 안타까웠다. 누구보다 공부를 열심히 했지만 성적이 오르지 않았기 때문이다. 공부에 재능이 없었던 그레이스를 보며 뉴욕의 주립대학에만 들어가도 더 바랄 게 없다고 생각했다. 어느 날 그레이스가 말했다.

"엄마! 공부하기 너무 힘들어요. 열심히 공부해도 성적이 잘 나오지 않아요. 아무래도 공부에 재능이 없나 봐!"

이제 중학생이 된 그레이스는 공부시간만큼은 전교 1등이었다. 그렇게 오랫동안 책상에 앉아 공부했지만 성적은 늘 평균 80점대에 머물렀다. 90점을 넘기 위한 그레이스의 노력은 번번이 한계에 부딪혔고, 좌절이 거듭되었다. 딸의 고군분투를 지켜봤던 엄마는 그때의 심정을 다음과 같이 밝혔다.

> 생각한 만큼 성적이 나오지 않자 그레이스가 속상해서 울먹였다. 공부를 싫어하는 것과 공부를 힘들어 하는 것은 다른데, 그레이스는 공부하기 싫어서 우는 것이 아니라 정말 공부가 힘들어서 울었다. 평소 얼마나 열심히 공부하는지

알고 있기에 마음이 무척 아팠다.

—《하버드 부모들의 자녀교육법》 조동심 외 지음 중에서

부부는 공부에 절망하는 그레이스를 그냥 지켜보고 있을 수만은 없었다. 그레이스와 함께 원인을 분석했다. 그 결과 시험마다 한두 문제 정도는 알면서도 틀렸다는 것을 발견했다. 작은 실수로 매번 감점을 당했던 것이다. 이런 패턴에서 벗어나지 못하면 89점이란 마의 점수를 넘을 수 없다.

그때부터 부부는 딸에게 실수만 줄이면 90점대로 올라설 수 있다며 자신감을 불어넣었고 격려를 아끼지 않았다. 그레이스는 힘이 되는 성경구절을 책상 앞에 붙여 놓고 기도해가며 공부했다. 그레이스의 실수는 점점 줄어들었고 느리게나마 성적도 조금씩 올라갔다. 과목마다 차이는 있었지만 90점 이상을 맞은 과목이 나오기 시작했다. 부부는 서서히 달리기 시작한 말에 박차를 가하듯, 그레이스에게 끊임없이 칭찬을 해주었다. 그레이스 또한 힘들고 어렵게만 느껴졌던 90점을 넘어서기 시작하자 공부에 재미가 붙기 시작했다.

90점을 획득한 과목은 92점을 목표로 설정하고, 92점을 획득한 과목은 94점으로 목표를 높여 잡았다. 시험점수는 계속 올라갔고 8학년 때는 모든 과목에서 A를 받고 우등반으로 옮기게 되었다. 그레이스를 보면 우공이산愚公移山이 생각난다. 우공이라는 사내가 산을 옮긴다고 했을 때 모두가 불가능한 일이라고 비웃었지만, 천천히 우직하게 실천한 끝에 결국 산을 옮겼다는 옛이야기 말이다. 그레이스는 느리지만 천천히 자신을, 그리고 자신을 둘러싼 세상을 변화시켜 나갔다.

방학캠프로 쑥쑥 자라는 아이들

미국에서는 방학 기간 동안 초·중·고등학생을 대상으로 대학교와 고등학교 곳곳에서 학습캠프가 열린다. 종류도 작문, 독해, 고급 영어, 봉사 실천 등 아주 다양하다. 명문 대학교에 입학하기 위해서는 방학캠프 참여가 필수적이다. 방학캠프의 참여 실적은 대학교 지원서에 고스란히 입력되고 참여 경험은 자기소개서와 에세이의 좋은 주제가 된다.

자녀를 하버드대에 보낸 한국 부모들의 합격 비결을 들어보면 공통적으로 방학캠프의 중요성을 말한다. 자녀를 명문 대학교에 진학시키려는 부모 대부분이 자녀에게 알맞은 캠프를 미리 알아보고 중학교 때부터 보내지만, 조동심 부부는 그레이스가 고등학교에 입학하고 나서야 그 사실을 알았다. 중학교 때부터 유명 캠프의 참여자격을 획득해두는 다른 아이들과는 달리, 그레이스는 준비 없이 9학년우리의 고등학교 1학년에 해당을 마쳐가고 있었다.

부부는 수소문 끝에 여름 방학캠프를 알아보았고 다행히 집에서 멀지 않은 명문 사립학교의 6주 과정에 등록했다. 이 캠프는 6주 동안 독해와 작문 두 과목을 수강하면 학점으로 인정해주었다. 그레이스는 여름방학 캠프를 통해 그동안 부족했던 독해와 작문 실력을 월등히 향상시켰다. 이후 10학년 때는 미적분학 준비 코스에 참여했고, 11학년 때는 고급 미적분학을 이수했다. 11학년이 끝나고는 하버드대 서머스쿨에서 영작문과 통계학을 이수하고 학점을 받았다. 음악을 배우고 싶어 매주 월요일 저녁에 열리는 커뮤니티 칼리지전문대학 과정을 일 년 동안 수강하기도 했다.

미국 방학캠프의 비용은 너무 비싸서 형편이 넉넉하지 않았던 부부에게는 큰 걱정거리였다. 하지만 노력하는 사람에게는 늘 기회가 오기 마련이다. 캠프 담당자와의 면접 과정에서 집안 형편을 얘기하고 장학금을 요청한 결과 전액 장학금을 받게 되었다. 또한 초등학교 3학년에 다니던 막내까지 전액 장학금을 받고 그레이스와 함께 캠프에 들어갔다. 둘째 크리스틴도 매년 존스 홉킨스 영재 캠프에 참여하며 70% 이상의 장학금을 받았다. 미국 방학캠프는 비싼 만큼 장학금 제도가 다양하고 특히 저소득층에게는 많은 장학혜택을 제공하기 때문에 부모가 부지런히 알아보면 거의 무료로 방학캠프를 보낼 수 있다.

아이들은 방학캠프에서 쑥쑥 자란다. 특히 부모들과 한 달 정도 떨어져 지내는 기숙형 캠프에 가면 자립심을 키우는 것은 물론 부모에 대한 고마움과 사랑을 절실하게 느끼고 돌아온다. 대학교와 고등학교에서 진행되는 수준 높은 강의에 좌절감을 맛보기도 하지만 그 속에서 치열하게 공부하며 자신만의 성장을 다진다. 요즘 한국에서도 진로캠프, 발명캠프, 템플스테이, 봉사캠프, 해외영어캠프 등 다양한 방학캠프가 열리고 있어 자녀들에게 권유할 만하다.

낮은 점수 덕분에 하버드대에 합격하다

이전의 그레이스는 공부를 열심히 했지만 성적이 오르지 않아 자존감이 바닥이었다. 그러나 노력은 결코 배신하지 않는다는 말처럼 오랫동안 책상에 앉아있던 노력과 열정이 점점 빛을 발했다. 중학교에 입학하고부터 천천히 성적이 올라가기 시작한 것이다. 예전에 부부는 그레이스가 뉴욕의 주립대학교 정도만 가더라도 성공이라고 생각했지만, 이젠 목표를 높게 잡았다.

부부는 아이들의 대학교 진학 목표를 하버드대로 정했고 체계적으로 준비하기 시작했다. 부부는 그레이스가 고등학교에 들어갈 무렵 하버드대 입학의 꿈을 심어주기 위해 아이들을 데리고 하버드대로 떠났다. 고풍스러운 건물들과 웅장한 규모의 도서관에서 공부하는 학생들을 보며 하버드대의 매력에 흠뻑 빠져 버렸다. 부부는 하버드대에 있던 입학원서를 가지고 집으로 돌아왔다. 입학원서에서 '방학캠프와 활동 내용', '대학 학점 프로그램에서 받은 학점'을 적어 넣는 칸을 발견한 부부는 자녀들을 방학마다 캠프에 보내고, 학점 관리를 해나갔다. 그리고 입학원서에 채워 넣어야 하는 실적과 항목들에 대해 촘촘한 계획을 세우고 실천했다.

드디어 SAT 시험 당일, 그레이스는 누구보다 열심히 공부한 자신을 믿으며 2,400점 만점에 2,300점을 목표로 잡았다. 하지만 야속하게도 점수는 2,070점이었다. 그레이스는 그런 자신이 너무 실망스러웠다. 하버드대에 지원서를 넣고 초조하게 기다렸지만 SAT 성적이 좋지 않아 큰 기대를 하지 않았다. 결과가 발표되는 날에도 부부는 평소 때와 다름없이 일을 하며 딸의 전화를 기다리고 있었다.

"엄마! 엉엉엉, 나 됐어요! 하버드대!"

전화기 너머 아이들은 모두 울고 있었다. 이내 엄마도 주체할 수 없을 정도로 눈물을 흘렸다.

"참 수고했다. 훌륭하고 고마웠다. 자녀가 공부를 못한다고 포기하는 부모들은 그레이스를 보면 희망이 생길 것이다. 자기의 한계와 맞서 싸우는 모습,

몸부림치면서라도 이겨내는 끈기 있는 모습. 그레이스는 대학원서에 이런 자기 모습을 생활 속 작은 경험에 비추어 참 가슴 뭉클한 에세이를 썼다."

그레이스가 하버드대에 합격했던 이유는 내신 성적을 꾸준히 향상시켜온 점 덕분이었다. 즉 미래의 성장 가능성을 인정받았던 것이다. 어제 보다 오늘이 나은 그레이스였다. SAT 2,400점 만점을 받고도 하버드대에 떨어지는 일이 많지만 오히려 그레이스는 낮은 점수 때문에 합격한 사례가 되었다. 타고난 천재보다 노력형 천재의 태도를 높게 평가하는 하버드대 특유의 문화가 작용했다. 또한 그레이스가 학교 친구들은 물론 후배들에게 열정적으로 공부를 도와준 점도 좋은 평가를 받았다.

그해 12월 둘째 크리스틴도 하버드대에 수시 합격했다. 고등학교에 입학할 때만 하더라도 큰 기대를 하지 않았던 그레이스는 이체스터 고등학교에 차석으로 졸업을 하며 여러 기록을 세웠다. 이체스터 고등학교 역사관에는 이런 기록이 있다.

"동양인 여학생 첫 하버드대 합격, 두 자매 하버드대 합격."

그레이스와 같이 SAT 점수가 낮았지만 하버드대에 합격한 사례는 많이 있다. 서울과학고등학교에 다니던 이준석은 내신성적이 낮아 서울대학교를 일찌감치 포기하고 엉뚱하게 하버드대에 도전했다. 3개월 동안 준비해서 SAT를 보았지만 1,440점으로 하버드대에 지원하기에는 민망한 성적이었다. 그러나 포기하지 않고 에세이에 자신만의 차별화된 스토리를 담아 모두의 예상을 깨고 하버드대 합격자 명단에 당당히 이름을 올렸다. 이준석은 인터뷰에서 하버드대 합격비결을 이렇게 말했다.

"저는 SAT 1,600점 만점일 때 1,440점이었습니다. 당시 하버드대 합격한 친구들의 평균점수가 1,580점이었죠. 제가 하버드대에 합격할 수 있었던 것은 에세이에 나만의 스토리를 차별화해서 썼다는 점입니다. 2002년 부산아시아게임 때 삼성전자에서 컴퓨터를 후원했는데 무작정 삼성전자 홍보실에 전화해서 고등학교 컴퓨터실에 10대를 기증받은 일을 에세이에 스토리텔링했습니다."

성적 우선으로 입학생을 선발하는 서울대와 학생의 미래 성장 가능성을 보고 입학의 기회를 주는 하버드대는 수업 방식에서도 큰 차이를 보인다. 서울대가 전공분야의 전문성을 강조하다면, 하버드대는 서로 대화하며 토론하고 글을 쓰면서 세상을 넓게 보는 인문학적 가치관을 심어준다. 한국의 명문대 학생들이 취업을 준비할 때 하버드대 대학생들은 세상에 기여하는 구체적인 실천 계획을 세운다. 세상을 대하는 태도와 가치관이 완전히 달라진다.

혹시 당신은 자녀에게 성적 위주의 가치를 강요하고 있지는 않은가? 무한한 성장 잠재력을 지닌 자녀를 한국 명문대의 좁은 틀 속에 가두려고 아이를 힘들게 하고 있지는 않은가? 자녀를 스케일이 다른 하버드형 인재로 키우고 싶다면 자녀와 대화하고 토론하며 세상을 보는 태도와 가치관을 심어줘라. 그러면 자녀는 내가 왜 공부를 해야 하는지 스스로 깨닫는 아이로 성장할 것이다.

아이를 백만장자로 만든 엄마의 행복 에너지

제이콥스 형제

행복한 가정이었다. 그러나 교통사고가 모든 것을 바꿔 놓았다. 어머니는 몇 개의 뼈가 부러졌고, 아버지는 오른팔을 못 쓰는 장애인이 되었다. 오랫동안 물리치료를 하며 팔이 나아지기를 바랐지만 변화가 없었다. 여섯 자녀의 생계를 책임지던 아버지는 일자리를 잃고 극심한 스트레스를 받았다. 다정하게 아이들을 안아주던 아버지는 사라졌다. 말투는 거칠어졌고 욕을 하기 시작했다. 술을 먹는 날이 점점 늘어났다. 술에 취하면 집안은 쑥대밭이 되었다. 집안의 물건이 남아나질 않았다. 손에 잡히는 대로 던졌다.

그러나 아이들에게는 어머니가 있었다. 한바탕 폭풍이 휩쓸고 가면 어머니는 수습을 했다. 겁에 질려있는 아이들을 보듬어 안으며 노래를 불러주었다. 막내였던 버트 제이콥스는 그때를 이렇게 기억한다.

"집에 있으면 정말 불안한 마음이 들었다. 그때를 견딜 수 있었던 것은 어머니 덕분이었다. 교통사고 후유증으로 아픈 몸을 이끌고 우리에게 매일 책을 읽어 주었다. 때로는 책 속의 인물을 연기하면서 우리를 웃게 만들었다. 어머니는 최악의 상황에서도 늘 웃음을 잃지 않았다."

여섯 형제들은 어머니의 영향을 받아 낙천적인 성격으로 자랐다. 비록 현실은 고달팠지만 "세상은 살만한 것이고, 행복한 꿈을 꾸면 정말 행복해진다"는 어머니의 말을 가슴속에 깊이 새겼다. 매일 저녁 식탁에서 어머니는 이렇게 물었다.

"오늘 가장 기분 좋았던 일은 뭐였니?"

어머니의 질문에 아이들은 하루 중 가장 즐거웠던 일을 이야기하기 시작했다. 아이들은 좋았던 이야기를 경쟁적으로 쏟아냈다. 어머니의 그 질문에 저녁 밥상은 왁자지껄한 수다 밥상이 되었고, 긍정의 에너지가 집안을 가득 채웠다. 서로의 이야기에 귀를 기울였고, '내일은 내 이야기가 더 재밌어야 하는데, 내일은 어떻게 해야 더 즐겁게 보낼까'를 고민하고 내일은 더 신나게 보내겠다고 다짐하며 저녁 시간을 보냈다. 힘든 일도 많았지만 하루 동안 좋았던 순간을 기억하고 다시 끄집어내어 그 의미를 말하면서, 아이들에게 긍정은 습관이 되었다.

삶을 변화시킨 어머니의 가르침

존과 버트 제이콥스는 형제 중에서도 유독 붙어 다녔다. 그들은 스무 살을 갓 넘겼을 때 한 가지 질문을 안고 캘리포니아에서 보스턴까지 7주간의 여행을 떠났다.

'앞으로 어떤 삶을 살 것인가?'

여행은 그들의 삶을 변화시켰다. 형제는 임시직으로 일하던 교사 일을 그만두고 티셔츠 사업에 뛰어 들었다. 주변 사람들 모두가 두 사람에게 미쳤다고 했지만, 그들은 여행을 통해 완전히 새로운 경험과 직관을 얻은 터였다. 새로운 도전에 대한 설레임을 안고 형제는 직접 티셔츠를 디자인해서 만들고 미국 동부의 대학가를 누비고 다녔다.

처음 사업을 시작할 때만 해도 두 사람은 일 년쯤 지나면 큰 변화가 있을 거라 믿었다. 그러나 기적은 일어나지 않았고, 단지 버티는 나날의 연속이었다. 그 시절을 두 사람은 이렇게 회고한다.

"삶은 완벽하지도 않고 쉽지도 않았다. 하지만 삶 그 자체는 행복한 것으로 여겼다. 행복은 주변 상황과는 무관하다는 것을 어머니로부터 배웠다. 어머니가 물려주신 긍정의 힘은 우리가 역경에 부딪혔을 때 하루하루 더 나은 선택을 하도록 힘을 주었다."

형제에게는 어머니로부터 물려받은 긍정 에너지가 있었다. 시간이 흐를수록 통장의 잔고는 비어갔지만 긍정 에너지는 그대로였다. 그렇게 5년의 세월을 길바닥에서 보내고, 통장을 확인했을 때, 그들의 수중에 남은 것은 단돈 78달러였다. 5년의 세월 동안 번 돈보다 잃은 돈이 더 많았지만 형제는 돈으로 살 수 없는 실패의 경험을 얻었다. 그러던 중 버트의 여자 친구가 "이제 우리 서른 살이 다 되어가. 그런데 아직 넌 밴을 타고 팔리지도 않은 티셔츠를 팔고 있어"라며 떠나갔다. 형제는 절망의 순간에 긍정적인 마음을 유지하기가 얼마나 어려운지 깨달으며 이런 말을 주고받았다.

"무슨 일이 일어나든지 항상 행복한 사람이 있다면 얼마나 좋을까? 그런 사람이 있다면 보기만 해도 행복할 것 같아!"

"웃고 있는 행복한 사람을 캐릭터로 만들어 볼까?"

인생을 살면서 누구에게나 몇 번의 기회가 온다고 한다. 그들에게 바로 그런 순간이 오고 있었다. 형제는 베레모와 선글라스를 쓰고 큰 웃음을 보이는 사람을 그려서 '제이크'라는 이름을 붙였다. 그리고 삶은 좋은 것이라는 의미에서 '라이프 이즈 굿Life Is Good'이라고 적어 넣었다. 형제는 친구들을 불러서 새로운 디자인의 티셔츠를 보여주었다. 친구들은 "5년의 기다림이 헛되지는 않았네!"라며 마음에 쏙 들어 했다. 자신감이 생긴 형제는 바로 티셔츠 제작에 들어갔다.

마침 매사추세츠 주 캠브리지에서 거리 박람회가 열렸다. 형제는 길거리에서 티셔츠를 팔았고 두 시간 만에 동이 났다. 그날 이후 티셔츠는 전국적으로 입소문이 나면서 불티나게 팔렸고 방송에 소개도 되었다. '라이프 이즈 굿'은 단순한 티셔츠가 아니었다. 다른 브랜드와 달리 긍정적 메시지를 티셔츠로 전달할 수 있음을 보여주었다.

현재 '라이프 이즈 굿'과 제이크는 전 세계 30여 개국에서 판매되고 있다. 고달픈 현실 속에서 스스로에게 힘이 되어주는 말, '라이프 이즈 굿'은 그렇게 신화가 되었다. 수중에 고작 78달러밖에 없었던 그들은 지금 연매출 1억 달러의 사업체를 운영하고 있다. 불우한 어린 시절과 5년간의 실패 속에서도 그들을 지켜내 준 어머니의 한 마디!

"삶은 좋은 것이다!"

그들은 긍정의 주문을 외우고, 실패를 성공으로, 불운을 행운으로 바꿨다. CEO가 된 형제는 밥상머리에서 배운 어머니의 가르침을 직원들에게 매일 실천하고 있다. 그들은 퇴근하는 직원들에게 묻는다.

"오늘 가장 좋았던 일은 뭐였나요?"

형제의 어머니가 식탁에서 매일 하던 바로 그 질문이다.

엄마는 마트 직원이지만, 집에서는 CEO

짐 도널드

아버지와 어머니가 갈라섰다. 학교 선생님이었던 아버지는 짐 도널드 형제를 떠났다. 남겨진 어머니는 슬퍼할 겨를이 없었다. 당장 아이들을 먹여 살려야 했다. 그러나 경력이 단절된 중년의 여성을 반기는 곳은 많지 않았다. 결국 집 앞에 있는 마트 직원으로 들어갔다. 낮에는 일을 하고 밤에는 두 명의 아이들을 돌보는 고된 생활이 시작되었다.

남편 없이 혼자서 가정을 꾸려가기란 녹록지 않았다. 먹고사는 게 힘든 가정은 아이들에게 소홀해지는 경우가 많다. 우선순위를 생계에 두기 때문이다. 그러나 짐 도널드의 어머니는 달랐다.

> 생생하게 기억납니다. 어머니는 항상 가정의 CEO였어요. 카운셀러, 직업 선택, 멘토링까지 맡았죠. 식탁에서 어머니는 내게 뭐가 되고 싶은지 말해보라고 하시고는 자신이 나를 그곳으로 이끌기 위해 최선을 다하겠노라고 말했습니다.

저와 제 여동생을 하루하루 돌보던 것은 어머니였습니다. 저녁 식탁에서 현명한 조언을 통해 저와 제 동생의 문제를 해결하면서 말입니다. 어머니께서는 우리의 일간, 주간 계획을 세워줬습니다. 매일 해야 할 일들을 점검하며 우리가 어떻게 될지, 우리의 소망과 미래에 대해서도 자주 이야기하셨습니다.

— 《밥상머리의 작은 기적》 SBS스페셜 제작팀 지음 중에서

어머니는 비록 마트의 직원이었지만 가정에서는 최고 경영자였다. 저녁식사 시간은 비즈니스 미팅과 같았다. 어머니는 아이들의 하루 일과를 듣고 숙제를 점검하며 내일을 함께 계획했다. 현실은 팍팍했지만 미래를 계획하며 꿈을 꾸는 시간이었다.

낮에 아무도 없는 집에서 아이들이 여러 유혹에 넘어가지 않은 것은 순전히 어머니 덕분이었다. 그녀는 매일 세심하게 확인하고 아이들의 말에 귀를 기울였다. 특히 아이가 무엇을 좋아하고 잘하는가에 큰 관심을 두었다. 그것은 아이의 진로와 연결되어 있었다. 저녁 식탁에서는 직업과 진로에 대한 이야기를 자주 나누었다. 그런 어머니 덕분에 짐 도널드는 자신의 관심분야와 직업을 일찍 고민하게 되었다.

어머니의 결단이 적중하다

짐 도널드는 여동생을 데리고 마트에 자주 놀러 갔다. 그곳에 어머니가 있었기 때문이다. 남매는 마트를 구경하며 어머니의 퇴근시간을 기다렸다. 처음

에 짐 도널드는 마트의 다양한 물건에 관심을 보였다. 시간이 흐르면서 마트에서 벌어지는 여러 일들이 흥미롭게 느껴졌다. 저녁식사 자리에서 짐 도널드는 어머니에게 마트의 일에 관심이 있다고 말했다. 아들에게 그런 이야기를 자주 들은 어머니는 흘려듣지 않았다. 공부보다는 마트의 일에 관심을 보인 아들을 격려해주었다. 무슨 일이든 흥미를 가진다는 것은 좋은 일이었다. 작은 가능성, 소소한 흥미, 사소한 기회가 때로는 인생을 결정짓기도 한다. 어머니는 아들의 활발하고 성실한 성격이 서비스직과 어울린다고 생각했다.

결국 짐 도널드와 어머니는 오랜 고민 끝에 결단을 내렸다. 16세의 짐 도널드는 마트의 직원이 되었다. 물건을 포장하는 일부터 시작했지만 점점 중요한 일을 맡기 시작했다. 어머니와 아들의 판단은 옳았다. 그는 스무 살이 되기 전에 엄마가 일하는 마트의 총책임자가 되었다.

그러나 어머니의 저녁 밥상머리교육은 멈추지 않았다. 그녀는 아들이 작은 성공에 도취되지 않기를 바랐고, 능력은 물론 인성을 갖춘 사람으로 계속 성장하도록 이끌었다. 어디서 어떤 사람을 만나든, 상대가 사장이든 종업원이든 모두가 똑같이 중요한 존재이며 그들을 공평하게 존중함으로써 그 자신이 존중받는 사람이 되라고 가르쳤다.

짐 도널드는 22세에 한 개의 주를 책임지는 최연소 매니저가 되었다. 41세에 그는 독립해서 3조 원 규모의 매출을 올리는 대형마트를 일구었다.

2005년 스타벅스는 짐 도널드를 회장으로 임명했다. 스타벅스는 서비스 현장의 밑바닥부터 다지며 성공신화를 써온 그를 높이 평가했지만 사람들은 의구심을 품었다. 과연 그가 잘할 수 있을까? 명문 대학교와 MBA를 나온 전문경영인들과는 삶의 궤적이 달랐기 때문이다. 그는 실적으로 응답했다. 의

구심은 환호가 되었다.

짐 도널드는 하루에 10개 매장을 방문해 앞치마를 두르고 손님의 목소리를 들었다. 스타벅스 매장에 변화의 바람이 불기 시작했다. 어릴 때부터 현장에서 커온 그의 주특기는 현장경영이다. 스타벅스의 매출은 올랐고 주가는 가파르게 뛰었다. 사람들이 그의 성공 비결을 묻자 그는 대답했다.

"나의 성공 비결은 모두 어머니와 함께한 저녁 식탁에서 배웠습니다."

대물림하는 저녁 밥상머리교육

그의 재능을 꿰뚫어 보고 열여섯 살의 어린 아들에게 마트 일자리를 추천한 것은 어머니였다. 그런 통찰은 저녁 식탁에서의 지속적인 대화와 관찰에서 나왔다. 짐 도널드는 저녁 식탁의 중요성을 누구보다 잘 알고 있었다. 그는 결혼하고 아이들이 자라면서 가정에서도 최고경영자가 되기로 마음먹었다. 어머니의 저녁 식탁을 잊지 않은 것이다.

그러나 그는 어머니와는 사정이 달랐다. 이제는 스타벅스의 회장으로 아침부터 분 단위로 스케줄이 촘촘히 짜여 있다. 매일 아이들과 저녁식사를 함께하기란 사실상 불가능하다. 그렇다고 저녁 식탁을 포기할 수는 없는 일. 그는 고민 끝에 새벽형 인간이 되어 하루 일정을 빨리 시작하고 퇴근 시간을 앞당겼다. 비즈니스 미팅과 조찬회의가 새벽 5시부터 시작되었다. 그 덕분에 저녁 시간을 자유롭게 쓸 수 있게 되었다.

세계 어느 곳에서든 가족 식탁은 가정을 경영하는 회의실입니다. 특히 저녁식사 때는 휴대전화도, 문자도, TV도 없어야죠. 모두가 하나가 되는 기회로 삼아야 합니다. 식사 시간은 이를테면 경영 계획을 세우는 일종의 비즈니스 미팅과 같으니까요. 안건은 당일, 다음 주, 다음 4분기, 내년의 모습에 관한 것이겠죠. 아이가 그날 있었던 일들을 이야기하면 부모는 그 이야기를 듣고 아이의 미래에 어떤 도움을 줄 수 있는지 이해하는 자리입니다. 아이들을 키우는 일이 비즈니스와는 달라서 해법을 구할 수 없을지라도, 아이들은 서로 상황을 이해하여 도움을 줄 수 있는지를 모색할 수 있는 장이라고 생각할 겁니다.

— 《밥상머리의 작은 기적》 SBS스페셜 제작팀 지음 중에서

해외출장을 갈 때면 아이들과 화상통화를 하며 저녁식사 자리를 대신했다. 간혹 급한 일이 생기면 집에 와서 저녁을 먹고 다시 나가서 일하는 그에게 가족과의 저녁식사 시간은 삶에서 가장 소중한 것이다. 이제 아이들은 대학생이 되었지만 저녁식사 자리는 변함이 없다. 짐 도널드 집안의 전통과 문화가 된 저녁 밥상 문화는 대를 이어서 전수되고 있다.

PART 03

아이가 유달리 좋아하는 것에 답이 있었다

아이가 좋아하는 일을 찾아 행복하게 살아가기를
원한다면, 이제 공부하라는 말은 그만하자.
아이가 유달리 좋아하는 일, 호기심을 보이는 일에
주목하여 그러한 흥미에 날개를 달아주는 것이
부모의 역할이다. 좋아하는 분야에서 최고의
성과를 내는 아이, 만족감과 성공, 행복과 풍요를
모두 거머쥐는 사람으로 키우고 싶다면
아이에 대한 세심한 관찰과 조바심 내지 않는
의연한 태도가 모두 필요하다.

흥미를 관찰하고 진로와 연결하라

로저 생크

로저 생크 교수는 인지심리학자로 인공지능 분야에서 세계 최고의 연구가로 손꼽힌다. 그가 대학교 입시문제로 고민할 때 어머니는 엔지니어링을 전공하라고 은근한 압력을 가했다. 아들이 수학을 잘하는 데다 취직에 유리할 거라는 이유에서였다. 로저는 착한 아들이었다. 그는 대학교에 들어가서 엔지니어링 첫 수업을 듣자마자 '아뿔싸! 내가 무슨 짓을 한 거지?'라며 후회했다. 어머니는 아들을 너무 몰랐던 것이다.

그는 대학교를 졸업한 후 전공과는 전혀 상관없는 인지심리학 석사와 박사 학위를 취득했다. 그가 해보고 싶었던 공부였다. 멀리 돌아오기는 했지만 결국 로저 생크는 자신이 좋아하는 분야를 공부하고 예일대 교수가 되었다. 처음부터 인지심리학을 공부했더라면 좀 더 빨랐겠지만 말이다. 경험을 통해 그는 자신의 자녀들에게는 절대 그러지 않겠노라고 다짐했다.

꼬마 지하철 덕후의 탄생

로저 생크의 아들은 할머니 집에 간다고 말하면 '야호!'하며 방방 뛰었다. 두 가지 이유가 있었다. 아들은 지하철과 할머니를 아주 좋아했다. 할머니의 집에 가려면 지하철을 타고 1시간 30분을 가야 하니 자신이 좋아하는 두 가지가 동시에 충족되었다. 여덟 살이 되던 해부터는 "혼자 지하철을 타고 싶어요, 아빠!"라며 고집을 부려서 아들을 혼자 먼저 보내고 다른 가족들은 다음 차로 뒤따라갔다.

얼마 후, 로저 생크가는 프랑스로 이사를 했다. 프랑스 하면 요리 아닌가. 가족들은 파리 곳곳을 다니며 맛집 탐방을 하고 다녔다. 그러나 아들의 관심은 온통 파리의 지하철에 있었다. 결국 로저는 아들과 파리의 지하철에 가서 표 사는 방법과 지도 읽는 법을 알려주고 "바이바이"를 했다. 그때 아들의 나이가 열 살이었다. 그 이후로 아들의 얼굴을 보기가 힘들어졌다. 아들은 학교에 다녀오면 지하철로 갔고, 휴일이면 아침에 지하철로 가서 밤에 집으로 돌아왔다. 아들은 파리 지하철의 모든 정거장에 내려서 관찰하며 혼자 돌아다녔다.

해외로 가족여행을 가면 아들은 지하철부터 찾았다. 일본 도쿄로 여행을 갔을 때는 땅을 거의 밟지 않았다. 복잡한 도쿄의 지하철역을 탐험하느라 땅을 밟을 시간이 없었기 때문이다. 아들은 여행 내내 아침에 지하로 들어가서 막차가 끊기면 지상으로 올라왔다. 아버지는 무심한 듯했지만 그런 아들을 유심히 보고 있었다.

아들의 길을 열어주다

로저 생크의 아들은 그토록 바라던 뉴욕의 컬럼비아대에 입학했다. 컬럼비아대까지는 지하철을 타고 다닐 수 있었다. 아마도 그 점이 끌렸으리라. 아들은 아직 전공을 선택하지 않았다. 입학 후 2주 정도가 지났을 때, 아들은 아버지에게 전화를 걸어 역사를 전공하겠다고 말했다. 로저는 아들을 집으로 불러 다시 생각해보라고 말해 주었다. 아들은 화가 난 얼굴로 쏘아붙였다.

"역사가 아니면 뭘 전공해야 하나요?"

"네가 어릴 때부터 제일 좋아하던 것은 무엇이었니?"

"지하철?"

"잘 알고 있구나!"

"지하철을 어떻게 전공해요? 말도 안 돼요. 그건 제 취미일 뿐이라고요!"

"아들아! 네가 진정으로 좋아하고 잘하는 게 뭔지 곰곰이 생각해보렴."

아들에게서 다시 전화가 왔다. 학교에서 교통 분야 세미나가 한 한기 동안 열리는데 자신은 신입생이라서 참가자격이 없다고 말했다. 아들은 지하철과 관련된 교통 분야를 전공하기 위해 여러 수업과 세미나에 참여하려고 노력하고 있었다. 로저는 세미나 담당자에게 연락해서 참가할 방법을 찾아보라고 조언해주었다.

두드리면 열리는 법! 결국 아들은 참여할 기회를 얻었다. 아들은 세미나에서 교통과 관련한 여러 사람을 만나고 다양한 정보를 얻고 난 이후 도시계획으로 전공을 선택했다. 그리고 그야말로 물 만난 고기처럼 신나게 공부를 했다. 여덟 살 때부터 지하철에 푹 빠져서 지하철 덕후로 살아오며 축적한 지식과 경험의 힘에 교수들조차 놀랐다. 아들은 졸업과 동시에 MIT 석사과정에 들어가서 다시 컬럼비아대로 돌아와 박사학위를 받았다. 그런 아들을 힐러리 클린턴이 점찍었다. 그는 힐러리 상원의원의 교통 보좌관으로 사회에 첫발을 내디뎠다. 이후 워싱턴의 교통 책임자로 있다가 로스앤젤레스 교통부의 수석 교통 책임자로 임명되었다. 아들은 출근 길이 매일 설렌다고 말했다. 그리고 다음과 같이 덧붙였다.

"이 모든 게 아버지 덕분입니다. 제가 여덟 살 때 지하철을 혼자 타겠다는 말에 아버지는 저를 믿어주고 흔쾌히 허락해주셨죠. 파리에서도 그랬고 도쿄에서도 그랬습니다. 저는 혼자만의 시간을 갖고 지하철을 탐험하러 다녔습니다. 제 생각은 깊어졌고, 지하철에 대해 누구보다 많이 경험하고 알게 되었습니다. 그리고 제가 대학교에 와서 역사를 전공하겠다고 말한 그 바보 같은 순간에 저를 일깨워주었습니다. 지하철을 전공하라는 그 말은 제 인생을 바꾼 가장 중요한 말이었습니다. 요즘 저는 일하는 게 놀이처럼 즐겁습니다. 놀면서 돈까지 벌다니. 와우! 멋진 인생입니다. 고마워요, 아버지!"

부모의 역할이란 무엇일까

로저 생크는 그의 어머니와 달랐다. 그는 자신을 잘 몰랐던 어머니의 말을 듣고 엔지니어링을 전공하며 4년을 허비했던 일을 잊지 않았다. 아들이 어떤 일에 흥미를 가지며 무엇을 잘하는지 성장 과정 내내 계속해서 관찰하였다. "지하철을 전공해라!"는 오랫동안 준비된 말이었다. 그 말은 결코 강요가 아니었다. 아들이 너무나 익숙하고 당연해서 진로와 연관시키지 못하던 바를 일깨워준 것이다. 로저 생크는 부모의 역할에 관해 이렇게 말한다.

> 대부분 부모는 아이에게 앞으로 무엇을 할지, 무엇이 되면 좋을지 가르쳐야 한다고 믿습니다. 더 최악은 어떤 길을 가라고 정해주는 것입니다. 이런 방법은 절대 통하지 않습니다. 아이가 크는 동안 저는 아무것도 하지 않았고, 아무것도 가르치지 않았습니다. 그저 아이의 말을 들어주었을 뿐입니다. 아이가 어떤 사람인지 관찰했어요. 아들을 위해서라는 명목으로 저의 꿈을 강요하지 않았습니다. 저는 단지 아이가 바라는 것을 알고 싶었고 바라는 것을 할 수 있게 도왔습니다. 부모의 역할은 아이의 이야기를 듣는 겁니다. 그다음에는 성인의 지혜를 활용해 아이를 위한 실용적인 제안을 하는 거예요.
>
> — 《최고의 석학들은 어떻게 자녀를 교육할까》 마셀 골드스미스 외 지음 중에서

작년 평택시에서 열린 강의 때 나는 자녀의 말문을 여는 다양한 방법들을 알려주었다. 그중 한 가지가 신문을 활용Newspaper In Education하는 것이다. 신문에 있는 여러 사진 가운데 가장 관심이 가는 사진을 고르고 왜 그 사진을 골랐는지 자녀와 서로 설명하는 방법이었다. 다음날 어떤 어머니가 집에서 아들과 나눈 이야기를 들려주었다.

"아들에게 신문에 있는 사진 중에 흥미 있는 사진을 고르라고 말했어요. 역시나 자전거를 고르더라고요. 사실 속이 부글부글 끓었어요. 요즘 아들이 자전거에 꽂혀 있는데 얼마 전부터 비싼 자전거를 사달라고 계속 보채는 거

예요. 저는 자전거의 자자도 꺼내지 말라고 했었죠. 일단 마음을 가라앉히고 왜 그 자전거 사진을 골랐는지 물어보았습니다. 아들은 기다렸다는 듯이 자전거의 종류, 회사, 가격, 원리 등 자전거에 대한 거의 모든 지식을 말했습니다. 아들의 표정이 아주 진지하고 행복해 보였어요. 저는 깜짝 놀랐습니다. 단순히 폼 나는 비싼 자전거를 타고 싶어서 고가의 자전거를 사달라고 하는 줄 알았죠. 아들이 자전거 덕후라는 걸 그때 처음 알았습니다."

그 분의 이야기를 듣고 아들의 나이를 물었다. "이제 6학년"이라는 대답이 돌아왔다. 나는 아들의 진로를 자전거 디자이너 등 자전거로 잡아서 지금부터 준비한다면 세계 최고의 자전거 전문가가 될 거라고 말해주었다. 그 순간 어머니의 표정이 환하게 밝아졌다. 부모의 역할을 알게 된 것이다.

아이의 호기심에 날개를 달아줘라

데니스 홍

데니스 홍은 인공지능 시대에 가장 주목받는 로봇 과학자이다. 그는 세상에서 가장 흥미로운 이야기가 퍼져나가는 TED 강좌에서 '시각장애인이 운전하는 자동차'를 선보였다. 그의 이야기는 큰 울림이 되었다. 〈워싱턴포스트〉는 데니스 홍의 발명품을 '달 착륙에 버금가는 성과'라고 보도했다. 이후 그에게는 레오나르도 다빈치에 빗대어 '로봇 다빈치'라는 별명이 붙었다.

그의 롤모델은 홍용식, 그의 아버지다. 홍용식은 나사NASA에서 일하다가 조국의 과학 발전을 위해 귀국한 항공우주학 분야의 석학이다. 국방과학연구소를 거쳐 현재는 인하대 항공우주학과 명예교수로 있다. 홍용식은 세 자녀를 두었다. 큰아들 준서는 서울대를 졸업하고 스탠퍼드대에서 항공우주학 박사학위를 받았다. 현재는 미국 국방연구원 선임연구위원으로 일하고 있다. 딸 수진은 연세대를 졸업하고 위스콘신대에서 생물학 박사 과정을 수료한 후에 미국 국립보건원에서 암을 연구하고 있다. 작은아들 원서가 바로 데니스 홍이다. 그는 고려대 2학년 때 미국으로 유학 가서 퍼듀대에서 기계공학 박사학위를 받고 버지니아 공대 교수로 임용되었다. 지금은 로봇 분야에 선두 주자 격인 UCLA에 스카우트되어 재직 중이다. 삼부자는 세계적으로 이름난 현존 인물에 관한 인명사전인 〈후즈후Who's Who〉에 등재되어 있다. 삼부자가 함께 등재된 것은 국내에서는 처음 있는 일이고, 세계적으로도 아주 드문 경우다. 자녀들의 화려한 성공 이면에는 부모님의 특별한 교육이 있었다. 오늘날 데니스 홍은 아버지로부터 받은 교육을 자신의 아들에게 대물림하고 있다.

아이와 놀아주는 것이 아니라, 신나게 함께 노는 아빠

아들이 냉장고 문을 열어둔 채로 아빠를 불렀다.

"아빠! 냉장고에 불이 켜져 있어요? 어떻게 불을 꺼요?"

데니스 홍은 바로 답을 주지 않았다. 그는 웃는 얼굴로 아들의 손을 잡고 냉장고로 걸어갔다.

"왜 냉장고를 열면 불이 켜질까? 냉장고 문을 닫으면 어떻게 될까? 그러면 아들아! 우리 냉장고 안을 한 번 들여다볼까? 냉장고 안에서 무슨 일이 일어나는지 말이야. 아빠도 정말 궁금하다."

"좋은 생각이에요, 아빠!"

아빠는 휴대폰을 동영상 촬영 모드로 바꾸고 냉장고 안에 두었다. 그리고 아들에게 말했다.

"아들아! 이제 냉장고 문을 열었다 닫았다 해보렴."

아들은 냉장고에서 휴대폰을 꺼냈다. 영상을 보고 냉장고를 닫으면 불이 꺼짐을 알 수 있었다. 아빠와 아들은 영상을 보며 한참 동안 대화를 나눴다. 아빠는 질문했고, 아들은 자신의 생각을 말했다. 데니스 홍의 이런 교육법은 아버지로부터 물려받았다고 한다. 그는 로봇 과학자로서 자신의 일을 사랑하지만 "내가 인생에서 해야 할 가장 중요한 미션은 로봇이 아니라 우리 아들을 가장 훌륭한 사람으로 키우는 것"이라며 "세상을 바꾸는 가장 효율적인 방법은 자녀를 제대로 가르치는 것"이라고 말했다.

그는 아들에게 매일 10번 이상 사랑한다고 말해준다. 집에 있을 때는 "나는 장난꾸러기다. 어린이처럼 반짝이는 눈으로 틈만 나면 신나고 재미있는 일을 찾는다. 아들과 5시간씩 같이 논다. 놀아주는 게 아니라 진짜 신나게 같이 논다"라고 말했다.

나는 데니스 홍처럼 하루에 5시간씩 놀아주지는 못한다. 다만 아이들과 짧고 신나게 논다. 이제 5학년이 된 딸 지유와는 샅바를 자주 잡는다. 집에서 씨름을 하는 것이다. 작년까지만 해도 연속 열 판은 거뜬하게 했는데 이제는 다섯 판만 해도 숨이 차오른다. 하루가 다르게 쑥쑥 크고 있는 딸은 계속하자며 샅바를 놓아주지 않는다. 점점 힘이 세지고 있다. 딸과 시합이 끝나면 아들이 기다리고 있다. 아들은 눈치가 빠르다. 다섯 판만 하면 샅바를 풀어준다. 사실 아이들과 씨름을 하면 너무 웃어서 힘이 빠진다. 아이들도 마찬가지다. 요즘 눈물 날 만큼 웃어본 기억은 아이들과 씨름을 할 때뿐이었다. 그래서 그런지 씨름을 하고 나면 스트레스가 쫙 풀린다. 아들과 놀아주는 게 아니라 신나서 같이 논다는 데니스 홍의 말이 와 닿는다. 딸은 요즘도 주말이면 가끔씩 조른다.

"씨름 한판 하자, 아빠!"

아버지가 만들어준 공작실, 상상제작소

어린아이들은 호기심으로 가득하다. 그러나 아이가 자라나면서 호기심은 점점 줄어든다. 아이가 부모에게 호기심을 담아 물어보면 대부분의 부모는 자세히 답을 알려준다. 그 순간 아이는 "그런 거였구나"라며 흥미를 잃고, 호기심은 신기루처럼 사라진다. 아이들이 질문했을 때 답을 바로 알려줘서는 안 된다. 스스로 답을 찾을 수 있도록 새로운 질문을 해주어야 한다. 그러면 호기심을 간직하고 끊임없이 생각하는 창의적인 사람으로 성장한다. 데니스 홍처럼 말이다.

"이제 일곱 살 된 아들은 어렸을 때의 나처럼 세상의 모든 걸 호기심 어린 눈으로 바라본다. '왜?'라는 질문을 입에 달고 산다. 답을 알려주는 대신에 궁금증을 해결할 수 있게 돕는다. 이를 해결하는 과정이 창의적인 사고로 이어진다."

호기심은 생각과 상상력을 부르는 마법이다. 이게 사라지면 재미없는 어른이 됐다는 증거다.

데니스 홍의 아버지인 홍용식은 아들의 호기심을 어떻게 하면 지켜줄까 고민하다가 공작실을 만들어 주었다.

내가 유치원에 다닐 즈음 아버지는 내 방에다 공작실을 차려주셨다. 손수 나무를 짜서 공작대를 만들어주신 것이다. 여기에는 톱, 망치, 드라이버, 펜치, 칼 등 위험하지만 실제 사용할 수 있는 공구들이 있었다. 그 이후 나는 항상 공구로 뭔가를 뚝딱뚝딱 만들었다. 그것이 일상적인 놀이였다. 나는 라디오, 청소기, 세탁기, 믹서 등 손에 닿는 대로 모조리 다 분해했다. '어떻게 작동하는 거지?'하는 궁금증과 호기심에 가전제품을 뜯고선 내부를 면밀히 관찰하는 것이 하루 일과였다. 사온 지 사흘밖에 안 된 컬러 TV도 망가뜨렸다. 신기하게도 부모님은 나를 전혀 혼내지 않으셨다. 사실 그것은 부모님의 훌륭한 투자였던 것이다. 그 호기심이 오늘날의 창의력으로 이어진 것이 아닌가 싶다.

— 《로봇 다빈치, 꿈을 설계하다》 데니스 홍 지음 중에서

데니스 홍은 초등학생이 되면서부터 더 이상 가전제품을 건드리지 않았다. 이미 대부분 그의 손을 거쳐 갔던 터라 더 이상 재미가 없었다. 대신 과학 잡지를 보며 실험을 시작했다. 형제는 용감했다. 삼형제는 잡지에 나온 여러 재료들을 구해 매뉴얼대로 하나둘씩 만들어 나갔다. 실패를 거듭하다가 드디어 로켓을 완성하고 동네 공터에서 발사를 했다.

'쉬이익!'

하늘로 솟아 오른 소리에 형제들은 환호했다. 자신감이 생기자 아파트 옥상으로 올라갔다. 하늘로 높이 발사되는 제대로 된 로켓을 실험하기 위해 화약을 잔뜩 넣었다.

"셋! 둘! 하나!"

잠시 후, 상상도 못했던 폭발음과 후폭풍에 형제들은 냉큼 도망을 쳤다. 집

에 들어와서 몰래 살펴보니 경비 아저씨가 정신없이 뛰어다니고 아파트 주민들은 폭탄이 터진 줄 알고 모두 밖으로 나와 있었다. 폭탄은 아니었지만 아파트 옥상의 콘크리트 철근이 녹을 정도의 큰 폭발이었다. 한동안 형제들은 근신하며 조용히 살았다. 그러나 그때도 아버지는 달랐다. 보통의 아버지였다면 "앞으로 위험한 일은 절대 하지 마"라며 행동을 제한했을 것이다. 데니스 홍은 당시 아버지가 강압적이거나 부정적인 반응을 보였더라면 '30년 전의 폭발 사건 때문에 호기심이 발동할 때마다 움찔하며 물러났을 것'이라고 말한다. 그러나 아버지의 반응은 의연했다. 아버지의 그런 태도 덕분에 찰리와 다윈데니스홍이 만든 로봇이 탄생할 수 있었다.

대통령과의 미팅보다 아들과 한 약속이 더 중요하다

데니스 홍이 구글의 CEO와 만나는 날이었다. 그는 악수를 하고 자리에 앉자마자 "한 가지 말씀드릴 게 있습니다. 만약에 아들한테서 영상전화가 걸려오면 전화를 받겠습니다. 이해해주시기 바랍니다"라고 말했다. 그는 대통령을 만나더라도 그렇게 했을 거라며 그 이유를 다음과 같이 말했다.

부모와 자녀 사이에는 신뢰가 무엇보다 중요하다. 100번 전화를 받다가 한 번만 전화를 놓쳐도 부자간의 믿음이 사라질 수 있다. 아빠와 연결된다는 믿음이 있으면 내가 한국에 있든, 학교에 있든, 지구 반대편에 있든 물리적 거리는 문제가 되지 않는다. 며칠 전에는 행사 때문에 한국에 왔다가 하룻밤을 자고 바로 미국에 가서 아들과 놀았다. 그다음 날 다시 미국에서 한국으로 오는 비행기를 탔다. 그냥 한국에 있으면 편할 걸 왜 그렇게 무리하게 이동하는지 의아해하는 사람들이 많았다. 그건 아들과 보드게임을 하기로 한 약속 때문이었다. 짧은 시간 동안에 두 나라를 오가느라 정신없긴 했지만 결국 약속을 지켰다.

— 〈중앙일보〉 2015년 11월 4일 중에서

데니스 홍은 "유년 시절에 부모의 사랑을 충분히 받은 아이들은 절대로 엇나가지 않는다고 믿는다. 혹여 나쁜 길에 빠진다고 해도 금방 제자리를 찾을 수 있다. 부모의 믿음을 저버리지 않기 위해서 말이다"라며 자신이 아이와 한 약속을 꼭 지키는 이유를 설명했다.

데니스 홍의 이런 생각은 아버지에게서 배운 것이다. 아버지 또한 아무리 바쁜 일이 있어도 시간을 내어 함께 놀아주었다. 당시 홍용식은 국방과학연구소 부소장을 맡고 있었다. 그곳의 직장 문화는 휴일도 반납하고 일하는 분위기였지만, 홍용식의 휴일은 늘 자녀들과 함께였다. 그는 부모와 아이가 함께 보내는 시간이 가장 중요한 선물이라고 말했다.

아들에게 주는 4가지 선물

데니스 홍이 아들에게 항상 강조하는 4가지가 있다. 바로 친절할 것, 현명할 것, 용감할 것, 건강할 것이다. 그의 아들은 길에서 만난 어린아이가 울고 있으면 등을 쓰다듬으며 달랠 줄 아는 아이, 누구에게든 깍듯하게 인사할 줄 아는 예의 바른 아이로 자라났다. 데니스 홍의 인성교육 덕분이다. 호기심과 인성을 모두 갖춘 아이는 인공지능 시대에 촉망받는 인재로 자라날 수밖에 없을 것이다.

참! 그의 이름인 '데니스 홍'은 호기심 때문에 생긴 것이다. 워낙 호기심이 많고 장난기가 많은 그에게 아버지는 당시 신문에 연재되던 만화 〈개구쟁이 데니스〉의 주인공 이름을 따 아들의 별명을 붙여주었다. 순수한 아이처럼 늘 호기심을 잃지 말라는 아버지의 당부가 아니었을까?

세계 최고의 나눔 디자이너를 키워낸 부모의 힘

배상민

아버지가 길에서 만났다며 또 노숙자를 데려왔다. 아버지는 자주 그랬다. 노숙자가 집에 오면 며칠을 자고 갔다. 언젠가는 노숙자 할머니가 왔는데 손자 생각이 났는지 아들의 방에서 안 나가겠다고 하여 서운하지 않게 겨우 설득해서 보냈다. 가족들은 아버지가 어떤 마음으로 노숙자를 집에 데려오는지 알기에 조금 불편해도 기꺼이 받아들였다.

그리고 세월이 흘러 아버지의 장례식장. 얼굴도 모르는 사람들이 계속해서 찾아왔다. 그 중 중년 여성 한 명이 크게 통곡하는 것이 아닌가. 아들이 다가가 누구인지 물어보자 그녀가 대답했다.

“어릴 때 고아가 되었습니다. 우연히 만난 당신의 아버님께서 저의 이야기를 들으시고 그때부터 결혼할 때까지 도와주셨어요. 혹시 제가 상처받을까 봐 아무한테도 알리지 않으셨어요. 이제 은혜를 갚아드리려고 했는데 너무 안타까워요.”

이런 아버지를 존경하지 않을 수 있을까?

카이스트 배상민 교수는 아버지가 남몰래 누군가를 도와준다는 걸 눈치채고 있었다. 누구를 도와주었는지는 아버지가 돌아가시고야 알게 되었다. 그런 아버지를 보고 자란 아들은 아버지를 한 인간으로서 존경하였다.

해군에서 직업군인으로 복무한 아버지는 전역 후 해운업을 하며 전 세계를 누비고 다녔다. 고등학교 때 교실에서 수업을 듣고 있는데 "상민아! 아버지 왔다"는 소리가 크게 들려 운동장을 보니 그곳에 아버지가 있었다. 아버지는 트렌치코트에 선글라스를 끼고 긴 머리를 휘날리며 자전거를 타고 있었다. 나중에 어찌 된 일인지 물어보니 아들의 교실을 몰라서 경비 아저씨한테 자전거와 확성기를 빌려서 찾았다고 한다. 몇 달씩 배를 타고 해외를 떠도는 아버지가 얼마나 아들이 보고 싶었으면 그럴까 싶어 아들의 눈시울이 뜨거워졌다. 상민도 아버지가 정말 보고 싶었다.

평생 호스티스 봉사를 한 어머니

배상민은 세계 최고의 디자인 학교 '파슨스 스쿨'을 다녔다. 그곳을 졸업하자마자 교수직 제의를 받았다. 당시 그의 나이 27세였다. 동료교수들은 디자인 분야의 전설들이었다. 이제 배상민의 전설이 시작되었다. 그의 독창적인 디자인은 빠르게 미국 전역에 알려졌고 코카콜라, 폴로, 3M 등 세계적 기업에서 러브콜을 받았다. 돈과 명예가 따라 붙었다. 상상만 하던 일을 이루었지만 가슴속에 무엇인가 아쉬움이 남았다. 자신의 삶에는 부모님이 실천하던 나눔이 빠져 있었다. 이렇게 사는 것도 나쁘지 않았지만 그는 자신의 재능으로 부모님처럼 다른 사람들을 돕고 싶었다. 때마침 카이스트에서 교수로 오지 않겠냐는 제안이 들어왔다. 카이스트는 공과계열에서는 인정받는 대학교이지만 디자인 분야에서는 아니었다. 여러 사람들에게 자문을 구하자, 대부분 비슷한 반응을 보였다.

"왜?"

파슨스 스쿨은 디자인을 하는 사람이라면 누구나 꿈꾸는 곳으로, 못 가서 안달하는 학교였다. 그러나 배상민은 과감하게 한국행 비행기를 탔다. 무려 14년 만이었다. 어머니에게 전화를 걸어 귀국 소식을 알렸다. 그러자 호스피스 봉사 때문에 공항으로 마중가지는 못하겠다는 대답이 돌아왔다. 배상민은 10년 전의 일이 떠올라 웃음이 났다. 파슨스 스쿨에서 석사학위를 받는다며 어머니에게 전화하자 어머니는 이렇게 말했었다.

"아들, 네가 석사학위 받는 게 중요하니? 죽어가는 암환자를 돌보는 게 중요하니?"

"암환자를 돌보는 일이요."

어머니는 그런 사람이었다. 27년을 한 번도 빠짐없이 매주 목요일과 일요일에는 호스피스 봉사활동을 다녔다. 집안 대소사나 개인 사정보다 봉사활동이 항상 우선순위였다. 돌보던 환자가 죽으면 직접 염까지 했다.

"사랑하는 아들아. 너에게 큰 아파트나 비싼 자동차처럼 물질적인 재산을 물려줄 수는 없지만 내가 평생토록 해왔던 이 일을 물려주고 싶구나."

호스피스 잡지에 실린 어머니의 글이다. 어머니는 아들에게 나눔을 위대한 유산으로 남기고 싶었다. 그것이 행복한 삶이란 걸 어머니는 평생의 봉사를 통해 체험하고 있었던 것이다. 가장 소중한 것을 자녀에게 남기려고 하는 어머니의 마음이었다. 배상민은 자신의 저서 《나는 3D다》에서 나눔의 의미를 이렇게 말했다.

> 세상의 모든 아들이 어머니를 사랑하겠지만, 나는 자식으로서가 아니라 한 인간으로서 어머니를 존경한다. 그리고 어머니의 유언 글을 보면서 나는 이런 어머니가 계시다는 사실에 다시 한번 감사했다. 사람으로서 가져야 할 도리가 무엇인지, 삶의 가치가 무엇인지, 어떤 것이 우리 삶의 기본이며 정말 중요한 것인지, 이웃과 삶을 공유하는 것이 얼마나 행복한 일인지, 어머니는 내가 아주 어릴 때부터 그 모든 것을 몸소 보여주셨다. 내가 나눔을 실천하고 내 재능을 기부하는 일에 관심을 갖게 된 것은 모두 어머니 덕분이다. 인간은 누구나 행복해지기를 원하지만 그 기준은 사람마다 다르다. 돈, 명예, 미, 지위, 성공, 사랑……. 내 삶을 가장 크게 바꾼 것은 돈이나 명예가 아닌 나눔이었다.

좋아하는 일을 찾고, 치열하게 꿈을 추구하다

배상민은 고등학교를 졸업한 이후에도 별다른 꿈이 없었다. 자유로운 영혼이었던 그는 그림, 글, 말, 춤을 좋아했다. 군대에 가니 시간이 남아돌았고 삶을 돌아볼 여유가 생겼다. 꿈이 없던 그가 '이젠 어떻게 살아야 하나?'라고 진지하게 고민하기 시작했다. 노트에 꿈을 적어보던 중 '디자이너'란 단어가 떠올랐다. 이거다 싶었다. 부모님을 설득해야 했다. 우선 학사 졸업장은 있어야 할 것 같아 군대에서 독학사 제도를 이용해 제대 전에 영문학사를 받았다. 말년 휴가 때 영문학사증을 부모님에게 내밀며 자신의 꿈을 이야기했다. 부모님의 허락이 떨어졌을 때, 마침 파슨스 스쿨이 서울에서 학교 설명회를 연다는 소식을 들었다. 그 길로 달려가 들었더니 자신이 꿈꾸던 모든 것을 가르치는 학교임을 알게 되었다. 포트폴리오와 편지를 파슨스 스쿨에 보냈고 한 번에 합격했다. 말로만 듣던 뉴요커가 된 것이다.

파슨스 스쿨에서의 첫 수업 날. 교수는 디자인에서 가장 중요한 스케치를 시켰다. 한국 학생들은 그곳에서도 역시 두각을 나타냈다. 입시 전문미술학원과 미대에서 단련된 한국의 학생들은 그림을 사진처럼 정밀하게 그렸다. 그날 베스트 스케치로는 한국 학생의 것이 뽑혔다. 한 번도 미술학원에 간 적이 없는 배상민은 두려움을 느꼈다. 다음날에도, 그다음날에도 스케치는 계속되었다. 그러나 시간이 갈수록 이상한 일이 벌어졌다. 사진처럼 똑같이 스케치하던 학생들이 교수에게 혼이 나기 시작한 것이다. 급기야 교수는 "이건 쓰레기야! 창의성이 전혀 없어. 대상은 다른데 모두 똑같은 느낌이야!"라며 스케치를 찢어버렸다.

배상민을 제외한 한국 학생들은 입시 미술에 길들여져 잘 그리는 데만 치중해온 기법을 모두 바꿔야 했다. 배상민은 미술학원에 간 적이 없으니 그런 스케치 기법을 몰랐다. 그는 자유롭게 새로운 방식으로 접근해 그렸다. 그리고 디자인 천재들이 모인 그곳에서 선두에 나서기 시작했다. 그의 실력과 새로움은 오로지 피땀 어린 연습과 고민에서 나왔다. 친구들은 그런 배상민을 촌스럽다고 놀렸지만 졸업과 동시에 파슨스 스쿨의 교수로 임용된 사람은 그가 유일했다.

디자인을 즐겼던 친구들과 디자인에 목숨 걸었던 나는 전혀 다른 청춘의 한 때를 보냈다. 나는 밤낮없이 디자인에 매달렸지만 친구들은 낮에는 디자인을 하고 밤에는 다른 일, 다른 즐거움을 찾았다. 치열함 없이 즐기는 것만으로 꿈은 이루어지지 않는다. 피할 수도 즐길 수도 없는 시간들 그래서 모든 것을 던져버리고 도망가고 싶은 순간들. 그 시간들 속에서 나 자신과 싸울 때 비로소 꿈은 현실이 된다.

— 《나는 3D다》 배상민 지음 중에서

드림, 디자인, 도네이트 : 좋아하는 일과 추구하는 가치의 시너지

배상민은 4대 디자인 어워드인 굿 디자인, IF, IDEA, 레드닷 어워드를 52차례나 수상했다. 그는 누구나 인정하는 디자인계의 거장이다. 남들은 한 번도 받기 힘든 이런 상을 그는 어떻게 52차례나 수상했을까?

그의 디자인에는 항상 나눔이 있다. 나눔의 시각에서 바라보는 디자인으로 영감을 준다. 그는 2008년 전기가 필요 없는 가습기 '러브팟'을 개발했다. 가격은 만 오천 원. 그때 우리 집에는 W사에서 출시한 30만 원이 넘는 가습기가 있었지만 디자인이 마음에 들어서 안방에 장식용으로 두려고 하나를 샀다. 무엇보다 수익금이 기부되는 제품이라 더 끌렸다. 그런데 러브팟을 안방에 두고 실험적으로 사용한 결과 성능이 너무 좋았다. 러브팟은 젖은 티셔츠 열 장을 방 안에 널어놓은 것과 같은 가습 효과를 낸다. 매일 물을 갈아주니 박테리아가 없고 언제나 깨끗하게 관리할 수 있는 것이 장점이다. 가습력을 극대화시키기 위해서 면보다 물을 3배 빠르게 증발시키는 울 펠트 소재를 사용했으며, 벌집 구조로 만들어 최소의 공간에서 360도로 촉촉한 공기를 내뿜는다.

나는 가격을 떠나서 러브팟을 넘어서는 가습기를 본 적이 없다. 산 지 벌써 10년이 지났지만 러브팟은 여전히 우리 집 안방을 차지하고 있다. 덕분에 고가의 가습기는 창고를 지키는 신세가 되었다. 노약자와 어린아이의 건강을 위해서 디자인하고 수익금까지 기부하는 나눔의 러브팟은 실용성까지 완비하여 어디 하나 흠잡을 데가 없다. 확인해보니 지금도 인터넷에서 불티나게 팔리고 있다. 가격도 내가 샀던 것과 똑같다. 그래서일까? 2008년 러브팟은 독일 IF, 미국 IDEA, 독일 레드닷 디자인 어워드, 일본 굿 디자인 어워드를 모두 수상하는 디자인 그랜드슬램을 달성했다.

러브팟의 아래쪽에는 '나눔'이라는 글자가 쓰여 있다. 배상민의 나눔 프로젝트 또한 계속되고 있다. 2015년에는 가난한 국가에서 교육에 소외된 아이들을 위해 이동식 컨테이너 스마트 교실을 만들어 레드닷 어워드에서 대상을 받았다. 스마트 교실은 태양광 발전기를 설치해 어떤 환경에서도 전기를 공급할 수 있으며, 빗물 정수 시스템 적용해 독립적으로 운용 가능한 이동식 교실이다. 지금은 유엔이 나서서 전 세계에 공급하고 있다.

배상민이 추구하는 삶은 무엇일까?

"나는 살아있는 동안 꿈꾸고, 디자인하고, 나누는 일을 한다."

그는 꿈을 씨실로 삼아 디자인과 나눔의 날실로 촘촘히 매듭지은 삶을 살고 있다.

배상민은 '세계 최고의 디자이너'이지만, 단지 이 말만으로는 그를 온전히 표현할 수 없다. 배상민은 세계 최고의 나눔 디자이너다.

PART 04

엄마아빠표 영재는 어떻게 탄생하는가

영재는 태어나지 않는다, 영재는 키워지는 것이다.
최적의 시기에 최적의 환경과 최고의 교육이
제공되고 여기에 아이의 재능이 더해지면
세상을 놀라게 할 엄마아빠표 영재가 탄생한다.
내 아이에게도 최적의 환경과 최고의 교육을
제공해주고 싶은가? 그렇다면 이번 장에서
소개하는 부모들의 노하우에 주목해보자.

사교육 없이 SAT 만점을 기록하다

최재천

작년 경주시민을 대상으로 개최되는 화백 포럼에 초청을 받아 특강을 했다. 공무원이 행사 팸플릿을 건네주었다. 나의 사진, 프로필과 함께 다음 강사인 국립생태원장 최재천 교수가 나란히 있었다. 이화여대에서 통섭원을 만들고 통섭학자로 한창 주목을 받고 있는 분이었다. 그때는 별 관심이 없었다. 그러다 우연히 신문에서 그가 걸어온 길을 알게 되었다.

그는 서울대를 졸업하고 미국 펜실베이니아 주립대학으로 유학을 갔다. 그곳에서 3년 동안 '알래스카 새에 기생하는 기생충'을 연구하고 석사학위 논문을 썼는데 심사위원 만장일치로 박사논문으로 인정해주겠다고 말했다. 그러나 그는 심사위원들의 제안을 단박에 거절해 버렸다. 이유는 자신이 정말로 공부하고 싶은 분야가 있었기 때문이었다. 이후 그는 하버드대에서 7년을 더 공부하고 박사학위를 받았다.

배우는 사람의 진정한 자세와 태도를 보여준 최재천의 이야기를 듣고 그가 받은 부모교육과 그가 자녀에게 실천한 교육이 무척 궁금해졌다. 세상에는 여러 교육이 있지만 아이의 인생을 100% 좌우하는 교육은 딱 한 가지! 바로 부모교육이기 때문이다.

딱지로 한글을 가르친 아버지 아래에서

최재천의 아버지는 육사 출신의 직업군인이었다. 육군본부에서 병사들의 제대를 판정하는 제대반장 직책을 수행할 때였다. 최재천은 학교에 다녀와서 집의 방문을 열었다가 돈다발을 보고 심장이 쿵쾅거렸다. 그렇게 큰돈은 본 적이 없었다. 방안에는 아버지와 낯선 아저씨가 함께 있었다. 표정이 심상치 않았다. 별안간 따귀를 때리는 소리와 함께 아버지의 호통 소리가 들렸다. 병사의 조기제대를 청탁하러 온 사람은 돈다발을 싸들고 도망치듯이 집을 나갔다. 1960년대, 다들 먹고살기 힘든 때라 적당히 청탁을 들어주고 돈을 받던 시절이었다. 아버지는 정도를 걷는 참군인이었다.

직업군인은 2년에 한 번 정도 이사를 다닌다. 최재천의 어머니는 4형제의 교육을 위해 어쩔 수 없이 서울에 집을 마련하고 아버지와 떨어져 살았다. 그의 아버지는 훈련이 없을 때면 시간을 내어 자주 집에 왔다. 평소에는 무뚝뚝한 아버지였지만 교육만큼은 달랐다. 그의 아버지가 한글을 가르친 방법은 지금 생각해도 기발하다. 일단 집에 오면 4형제를 앉혀놓고 재미난 이야기를 들려주었다. 그리고 종이로 만든 딱지 위에 글자를 적어 한글 교구를 만들었다. 그다음 이야기 속에 나오는 단어를 딱지로 알려주고 퀴즈로 맞추는 놀이를 했다.

아버지의 이야기는 흥미진진했고 매번 달랐다. 덕분에 아이들은 일찌감치 한글을 익혔다. 최재천은 "나는 이야기 듣는 걸 좋아하는 아이였고 아울러 이야기 상상하기, 이야기 만들기를 좋아했던 아이였다"며 아버지가 알려준 딱지글자가 '상상력의 씨앗'이 되었다고 말했다. 씨앗은 새싹을 틔워서 4형제 중에 3명이 대학교수가 되었다.

실패가 용인되는 환경에서 아이의 도전의식은 자라난다

"자기 좋아하는 일을 하는 데 최대 걸림돌이 부모다. 그러므로 아이들은 부모에게 복종할 게 아니라 부모를 설득해야 한다. 아이가 벼랑에서 떨어지게 내버려두라는 말이 아니다. 자유로운 것처럼 느끼게 해주되, 끊임없이 관찰해야 한다."

최재천의 말이다. 그의 아버지는 자녀들에게 무척 엄한 분이었다. 그런 아버지의 영향으로 최재천은 자녀에게 다정한 아버지가 되어야겠다고 다짐했다. 그는 방목과 관찰로 아들을 키웠다. 아들이 원하는 일은 마음대로 하도록 내버려두었다. 대신에 세심하게 관찰하고 지시가 아닌 조언으로 소통을 했다.

아들은 자신이 원하던 미국 명문대에 입학했다. 그러나 일 년 만에 휴학을 하고 남아프리카공화국으로 봉사를 떠나겠다고 말하는 것이 아닌가. 그곳은 치안이 좋지 않기로 유명한 곳이었다. 걱정이 돼서 다른 곳으로 가라는 말에 아들은 "위험하기 때문에 제가 가야 해요"라며 부모를 감동시켰다. 아들은 그 틈을 타서 훌쩍 떠났다. 이후 얼마나 봉사를 열심히 했던지 남아프리카공화국 정부에서 표창장까지 받았다. 그의 아들은 심리학을 전공했지만 지금은 IT 기반의 스타트업을 운영하고 있다.

요즘은 통섭형 인재가 인정받는다. 실리콘밸리의 스타트업 투자가들은 창업가의 다양한 경험과 실패의 경험을 눈여겨본다. 실패를 겪어본 후에야 비로소 성공 가능성이 높아지며, 실제로 그런 이들이 투자수익을 안겨주었기 때문이다.

최재천의 아들이 다양한 경험을 통해 통섭형 인재로 자란 것은 우연이 아니다. 그의 박사학위 지도교수는 '통섭'의 대가인 하버드대 에드워드 윌슨 교수다. 최재천은 통섭을 '어느 한 분야가 아닌 여러 분야를 융합해 새로움을 찾아나가는 것'으로 정의한다. 통섭형 인재는 다양한 경험과 실패에서 나온다. 그도 삶에서 많은 방황과 실패를 겪었다. 고등학생 때는 수재 소리를 들었지만 서울대 의예과에 두 번이나 떨어져 재수했다. 끝내 합격하지 못하고 선생님이 추천한 동물학과에 들어갔다. 원하지 않았던 학과에 진학해서 4년 내내 농구·사진·독서 동아리로 시간을 보냈다. 그러나 헛된 시간은 아니었다. 학교 임원과 동아리 회장을 하면서 다양한 삶의 경험을 쌓고 배웠다.

최재천이 졸업을 앞두었을 때, 미국 유타대의 에드먼즈 교수가 서울대에 초빙되었다. 그는 잠시 에드먼즈 교수의 조수 역할을 하게 되었는데 "곤충의 '하루살이' 연구를 하러 세계 100여 개국을 다녔다"는 말에 꽂혀서 미국으로 유학을 떠났다.

박사학위를 받기는 쉽지 않았다. 함께 공부를 시작한 사람들은 박사가 되어서 속속 교수에 임용되었다. 그때 최재천은 전공과 상관없는 미술사와 철학에 빠져 시간을 보냈다. 그러나 그것은 여러 분야를 융합해 자신의 길을 찾는 과정이었다. 결국 그는 개미 연구에서 길을 찾았고 세계적으로 주목받는 학자가 되었다. 당시까지만 해도 느림보 행보를 해오던 최재천이다. 그러나 그때부터 달렸다. 박사학위는 11년 만에 받았지만 "달리면서 옆을 보니 어느새 먼저 출발한 사람들을 추월하고 있었다"고 회고한다. 그가 아들에게 다양하게 경험하고 실패해볼 것을 권하는 까닭이다. 또다른 이유도 있다.

> 세상이 달라지고 있습니다. 그리 머지않아 누구나 거의 100살까지 살게 될 겁니다. 그리 되면 예전처럼 평생 한 직장에서 일하다가 은퇴하고 평안하게 여생을 보내다 가는 게 아니라 대개 직업을 적어도 대여섯 번씩 바꾸며 살게 됩니다. 모두가 예전에 비해 훨씬 오래 살게 되기 때문이지요. 그런 세상이 왔을 때 할 줄 아는 게 기껏 한 가지밖에 없는 사람이 더 잘 살까요, 아니면 풍부한 경험을 바탕으로 다양한 재주가 있는 사람이 더 잘 살까요? 여러 다양한 직장에서 일하려면 당연히 다양한 재능을 지닌 인재가 유리하겠지요.
>
> —《자연을 사랑한 최재천》 최재천 지음 중에서

똑똑한 아이로 키우고 싶다면, 먼저 똑똑한 아이로 대우하라

최재천의 아들은 SAT에서 만점을 받았다. 그러나 공부는 열심히 하지 않았다. 말도 안 되는 소리 같지만 실제로 아들의 고교 내신성적은 SAT 성적에 비해 형편없었다. 준비도 없이 SAT 만점을 받는 아들에게 비결을 물어보았다. 아들은 "책 속에 다 답이 있어요"라고 말했다. 맞다. 아들은 고교 때 이미 수천 권의 책을 읽었다. 학교 공부가 아니라 책을 통해 여러 지식을 융합하는 능력이 생긴 것이다. 아이가 이처럼 책을 즐겨읽고 그 안에서 스스로 답을 찾는 수준에 이른 데는 최재천의 젊은 시절 만남이 큰 영향을 미쳤다.

> 미국 유학시절 아들을 낳았다. 교회에서 만난 미국인 할머니가 아이를 보러왔다. "백악관에선 요즘 이런 일이 일어나더라"며 정치 얘기를 갓난아이에게 한참 하는 거다. 어안이 벙벙한 우리 부부에게 "애가 못 알아듣는 것 같지. 다 듣고 있다 커서 오늘 들었던 걸 부모에게 말해줄 수 있어"라고 하더라. 충격을 받았다. 그 이후로 시간이 나면 책을 읽어줬다. 논문을 쓰다가도 논문 내용을 읽어줄 정도였다. 아이가 세 살 때였다. 아이에게 밤에 책을 읽어주다가 내가 잠이 들었다. 말소리에 눈을 뜨니 아이 혼자 책을 읽고 있더라. 글자는 모르지만 그동안 하도 읽어주니 내용을 줄줄 외고 있던 거다. 그 후 도서관에서 책을 부지런히 빌려다 읽어줬다. 5살이 되니 혼자서 책을 자연스레 읽기 시작했다. 아이는 대학에 가기 전까지 3천 권 정도의 책을 읽었다.
>
> —〈중앙일보〉 2010년 12월 5일 중에서

최재천은 운이 좋았다. 교회의 할머니를 만나기 전까지는 세 살 아이를 세 살로 대우했다. 특별한 교육이 필요 있을까 싶어 옹알이 하면 웃어주고 까꿍 하며 놀아주는 정도였다. 그런데 교회의 할머니는 세 살 아들에게 미국 대통령 이야기를 어른과 대화하듯이 말했다. 세 살아이를 친구처럼 대한 것이다.

최재천의 충격은 실천으로 이어졌다. 그때부터 아이와 대화하며, 책을 읽어주고 심지어 논문까지 읽어주었다. 실제로 하버드대의 연구 결과를 보면 아이는 부모와의 대화에서 상당한 어휘력을 습득하고 그것이 고등학교 성적으로 쭉 이어진다고 밝히고 있다. 최재천의 아들은 그 연구결과를 입증한다. 공부는 열심히 하지 않았지만 독서를 통해 SAT 만점을 받은 것이다.

나는 지금 이 글을 국립세종도서관에서 쓰고 있다. 내 옆의 아이는 초등학교 5학년 수학문제집 세 권을 펴놓고 두 시간째 자리도 뜨지 않고 문제를 풀고 있다. 가끔씩 한숨 소리가 들린다. 자세히 보니 문제집 옆에 엄마가 각 문제집마다 몇 쪽까지 풀라고 써놓은 메모장이 있다. 주말마다 도서관 오면 문제집을 풀고 있는 초등학생들을 자주 발견한다. 그 아이들의 공통점은 하나같이 표정이 밝지 않다는 것이다.

도서관에서 책을 읽는 아이와 문제집을 푸는 아이는 분명 다른 길을 걸을 것이다. 한 가지 분명한 것은 책을 읽는 아이는 도서관을 좋아하고, 문제집을 푸는 아이는 도서관을 싫어한다. 그 결과는 책을 좋아하는 아이와 싫어하는 아이로 나타난다. 지금 나의 건너편에는 우리 아이들이 있다. 딸은 해리포터 영문판을 읽고 있고, 아들은 만화 《식객》을 읽고 있다. 아들의 요즘 꿈이 요리사라고 해서 내가 추천해주었는데 오늘만 벌써 세 권째다. 내가 잘하고 있는지는 모르겠지만 우리 아이들의 표정은 밝다.

말이 늦은 아이, 5개 언어 능력자가 되다

서연이 엄마 이지나

서연이가 26개월 때 영유아 검진 차 들른 병원에서 의사가 엄마를 불렀다.

"언어발달이 느리니 추적검사가 필요합니다."

마음에 돌덩이가 내려앉았다. 보통 아이들이 말을 배우면 제일 먼저 하는 '엄마, 아빠'를 서연이는 아직도 하지 못했다. 서연이는 딱 세 마디를 했다. '지나, 물, 할미.' 지나는 서연이 할머니가 엄마를 부르는 이름이었다. 워킹맘이었던 그녀는 출산휴가를 3개월 쓰고 나서 아이를 친정엄마한테 맡겼다. 엄마는 야근을 자주 하다 보니 서연이와 지내는 시간이 적었다. 서연이는 엄마보다 할머니를 더 따르고 찾았다. '추적검사'를 하라던 의사의 말이 맴돌았다. '엄마'라고 부르지 않는 서연이를 데리고 아무 일 없기를 바라며 언어발달센터로 갔다.

"이제 방에 들어가서 평소처럼 놀아주세요."

의사의 안내에 따라 엄마는 서연이와 함께 검사실에 들어갔다. 의사는 '평소처럼 놀아주라'고 했지만 그녀에게는 평소에 놀아준 기억이 거의 없었다. 어떻게 놀아줘야 할지 몰라서 멀뚱멀뚱하던 그 순간에 서연이는 엄마를 또 '지나'라고 불렀다. 의사 앞에서 얼굴이 화끈거렸다. 그렇게 멍하니 집에 돌아오는 길. 그녀는 직장을 그만두기로 결심했다.

엄마를 부르지 않는 아이, 다그치는 엄마

직장을 그만둔 엄마는 아이에게 무릎을 꿇고 좋은 엄마가 되겠노라고 다짐했다. 가장 중요한 것은 서연이가 보통 아이들 수준으로 말하는 것이었다. 엄마는 마음이 급했다. 모든 초점을 서연이의 말에 맞추다 보니 말과 행동이 날카로워졌다. 이게 오히려 독이 되었다. 서연이는 달라진 엄마가 무서웠는지 울기 시작했다. 그럴수록 엄마는 아이를 다그쳤다.

"너! 지금 그거 할 시간이 어디 있어?"

얼마 후 그녀는 뭔가 잘못되고 있다는 걸 직감하고 작전을 바꿨다.

"말만 하면 원하는 거 다해줄게, 서연아!"

그러나 서연이는 '엄마' 소리를 하지 않았다. 서연이는 블록을 던지고 바닥에 내려치는 등 과격한 행동을 보였다. 아이를 가르치면 가르칠수록 나아지지 않았고 오히려 서연이는 강한 거부 반응을 일으켰다. 그녀는 아이를 대하는 자신을 되돌아보았다. 그렇게 고민을 거듭한 끝에 깨달음을 얻었다.

"말을 가르칠 게 아니라 놀아주자!"

아이의 말문을 틔운 엄마표 언어학습 놀이터

엄마는 괴로웠다. 서연이의 말문을 틔우기 위해 어렵게 들어간 대기업까지 그만뒀지만 변화가 없었다. 그렇다고 포기할 수는 없는 일. 다시 마음을 다잡았다. 지난 일들을 돌아보며 성찰의 시간을 가졌다. 그리고 하루 3시간씩 아이와 놀아주기로 마음먹었다. 동요를 틀어놓고 따라 부르며 서연이와 함께 춤췄다. 서연이의 표정이 밝아졌다.

서연이는 마침내 엄마를 불렀다. 아이가 마음의 문을 열면서 아이의 입도 함께 열렸다. 웃으며 곧잘 말을 따라 하기 시작한 것이다. 엄마는 영역을 영어동요로 넓혔다. "트윙클 트윙클 리틀 스타twingkle twingkle little star"라며 서연이는 신나게 영어동요를 따라 불렀다. 아빠가 퇴근하면 온 가족이 모여 서연이의 영어동요를 들었다. 아빠와 엄마는 칭찬과 박수로 화답했다. 한 번 열리기 시작한 말문은 거침이 없었고 국적을 가리지 않았다. 영어, 중국어, 스페인어, 일어까지 범위를 넓혀갔다.

엄마는 서연이가 잠들면 아이의 눈높이에 맞춰 단어카드, 외국어 교재, 스크랩북, 가면놀이 도구를 직접 만들었다. 그리고 외국어 공부를 시작했다. 외국어 동영상을 보면서 말투와 행동을 익혀서 다음날 서연이에게 그대로 보여줬다. 엄마의 일과는 직장에 다닐 때보다 더 바빠졌다. 하루 5시간 이상을 자본 적이 없을 정도로 열심히 공부하고 준비했다. 이렇게 엄마가 만들어 둔 외국어 교구는 다음날이면 서연이가 깔깔 웃으며 노는 놀잇감이 되었다.

외국어 공부를 신나는 놀이로 인식한 서연이는 하루하루가 다를 정도로 실력이 향상되었다. 엄마는 아빠가 퇴근하면 서연이가 오늘 배운 외국어를 시연하도록 기회를 만들어주었다. 서연이에게는 자신의 실력을 보이고 부모에게 칭찬받는 행복한 시간이었다. 엄마와 낮에 외국어로 놀고 저녁에 아빠에게 그 실력을 보이는 '외국어 선순환 학습법'이 가족의 문화로 자리 잡았다.

어느새 서연이는 5개 국어를 읽고, 쓰고, 말하는 실력을 갖추게 되었다. 이 소식이 알려지면서 SBS 〈영재발굴단〉에 소개되기도 했다. 그러나 서연이의 이야기를 듣고 아이가 '너무 공부만 하는 것 아니냐'는 우려의 목소리가 들렸다. '아이의 행복이 중요한데 나만 즐거운 게 아닐까?'란 생각에 엄마는 심리검사를 받았다.

"아이 정말 잘 키우고 계시네요."

심리검사를 진행한 임상심리사의 말이었다. 서연이는 스트레스를 회복하는 '자아 탄력성'이 매우 높게 나왔다. 아빠와 엄마의 칭찬과 외국어 실력으로 자아 존중감이 향상된 결과였다.

5개 국어를 하는 아이를 키운 노하우는 엄마의 노력

서연이 엄마는 서연이를 키우는 일상생활을 블로그3시간 육아맘의 엄마표 다개국어에 올리고 있다. 블로그에는 서연이가 5개 국어를 하는 언어 영재로 자란 노하우가 공개되어 있다.

우선은 아이의 관심사를 파악하는 것이 먼저다. 아이가 흥미를 보이는 책이나 영상을 바로 찾아서 보여준다. 이때 유튜브를 활용하면 바로바로 아이의 흥미에 부합할 수 있어 효과적이라고 한다. 또한 외국어에 거부감을 보일 경우 평소 좋아하는 캐릭터로 관심을 유도한다. 그 다음에는 단어와 동요, 표현패턴과 생활회화 등으로 학습의 뼈대를 세워주고, 이를 아이가 흥미를 가지는 다양한 놀이와 연계하여 접하도록 해준다.

서연이가 언어 능력 면에서 잠재력을 가지고 있었음은 분명하다. 그러나 밤잠을 줄여가며 아이의 언어놀이 교구를 만들고, 아이의 관심을 기민하게 캐치하여 외국어 콘텐츠로 대응함으로써 아이에게 최적의 언어 학습 환경을 만들어주고자 했던 엄마의 정성이 없었다면 과연 아이가 5개 국어를 하는 영재로 자랄 수 있었을까? 서연이네 이야기는 남다른 아이를 만드는 것은 남다른 부모의 정성임을 느끼게 한다.

아이를 영어 영재로 만든 유튜브 놀이

5세 찬영이의 사례

삼촌이 집에 왔다. 찬영이는 삼촌을 무척 좋아한다. 13개월의 찬영이가 웃으며 다가와 삼촌의 무릎에 앉았다. 삼촌은 스마트폰을 꺼내 유튜브에서 알파벳 동요를 찾아 틀어줬다. 아이는 동영상에 나오는 노래를 따라 흥얼거렸다. 삼촌은 그날 동영상을 몇 개 더 보여줬다. 그렇게 삼촌은 찬영이를 만날 때마다 영어 동영상을 계속 보여줬고 찬영이는 재미있어했다. 삼촌이 오기만 하면 "ABC 삼촌!"이라며 달려와 반겼다.

한 달 뒤 찬영이는 삼촌에게 뽀로로 펜누르면 영어발음을 들려주는 교구을 선물 받았다. 뽀로로 펜에 푹 빠진 아이는 두 달 만에 알파벳을 다 뗐다. 그때가 17개월이었다. 엄마의 도움 없이도 혼자서 놀면서 알파벳을 깨우친 것이다. 이제는 영어로 숫자를 세기 시작했다. 엄마와 아빠의 칭찬에 찬영이는 신이 났다. 영어 동영상을 보여 달라고 졸랐다. 엄마는 유튜브의 영어 동영상을 자주 보여주었다. 찬영이는 동영상을 보며 영어발음을 따라 하고 조금씩 단어들을 익혀나갔다.

그러던 어느 날 엄마는 깜짝 놀랐다. 처음 보는 영어단어를 찬영이가 척척 읽어냈기 때문이다. 찬영이도 신났지만 부모도 신이 났다. 아이가 가르쳐주지도 않은 영어를 혼자서 말한다니 얼마나 뿌듯하겠는가. 엄마가 해준 것은 동영상을 보여준 일밖에 없었다.

어휘력 폭발기에 언어 학습 환경에 노출시키다

부모도 어려워하는 영어를 아이가 스스로 배워나가는 모습을 보면서 도움을 줘야겠다고 생각했다. 이때부터 부모의 본격적인 지원이 시작되었다. 영어동화책을 사서 아이에게 부지런히 읽어주었다. 그리고 영어교구를 사서 아이가 지속적으로 영어로 놀도록 환경을 만들어주었다. 이제 갓 20개월을 넘긴 아이의 입에서 쉴 새 없이 영어가 흘러나왔다. 부모의 도움과 아이의 노력이 합쳐졌지만 무엇보다 찬영이는 운이 좋았다. 시작은 삼촌이었다. 어휘력이 폭발하는 시기에 삼촌이 우연히 들려준 알파벳송이 찬영이를 영어 영재로 만들었다.

찬영이는 어휘력 폭발기에 영어를 접하면서 영어를 쉽게 배울 수 있었다. 어휘력 폭발기는 10개월에서 30개월 전후로 찾아오는 언어발달 현상이다. 아이들은 이 시기에 여러 물건과 현상에 관심을 보이면서 어휘력이 폭풍성장한다. 세계적인 언어학자 촘스키는 모든 인간은 언어를 잘 배울 수 있는 언어습득장치Language Acquisition Device를 가지고 태어난다고 말했다. 언어습득

능력은 누구나 가지고 태어나지만 환경이 중요하다. 한국에서 미국으로 입양된 아기가 한국어가 아닌 영어를 구사하는 것이 이를 증명한다.

언어를 자연스럽게 습득하는 데는 시기가 있다. 그 시기를 놓치면 언어를 습득하기가 매우 어려워진다. 인도에서 발견된 늑대 소녀는 끝내 언어를 배우지 못했다. 미국에서 발견된 야생아 지니는 아기 때부터 13세까지 감금 생활을 하다 풀려난 이후 집중 언어 교육을 받았지만 실패했다. 최적의 언어습득시기인 어휘력 폭발기에 언어를 배우지 못했기 때문이다. 나의 경우도 그렇다. 초등학교 6학년 때 처음 학교에서 영어를 배웠다. 나름대로 열심히 공부해서 중학교 이후 영어시험은 거의 다 100점을 맞았고 군대 생활 때도 틈틈이 영어공부를 했지만 아직도 영어로 말하고 글 쓰는 일은 어렵다.

한솔교육문화연구원의 연구에 따르면 17개월 아이가 표현하는 평균 어휘 수는 50개 정도가 되며, 18개월에는 70개 이상이 되고, 20~21개월 사이에 100개가 된다. 23~24개월 사이에 280개로 그 수가 급속하게 증가한 뒤 꾸준하게 증가해 36개월에는 약 500개의 어휘를 갖는다.

어휘력 폭발기에는 하루에도 많은 단어를 익힐 정도로 언어능력이 급속하게 성장한다. 이때 부모가 한글과 영어에 대한 적절한 자극을 해주면 아이는 스펀지처럼 언어를 빨아들인다. 이 시기를 놓쳐도 영어는 배울 수 있지만 시간과 노력이 많이 드는 게 사실이다. 찬영이는 어휘력 폭발기에 영어를 접했기 때문에 쉽게 영어를 익혔다. 그래서 이 시기에 부모의 역할이 중요하다.

유튜브를 이용한 영어 놀이로 효과를 극대화하라

찬영이는 유튜브를 통해 영어에 흥미를 가지게 되었다. 그런데 이것은 특수한 사례가 아니다. 영유아기에 유튜브로 동영상을 보고 영어 영재가 된 아이들이 늘어나고 있는 것이다. 많은 아이들이 유튜브로 영어동요, 짧은 영어스토리 동영상을 본다. 사실상 공부라기보다는 놀이에 가깝다.

유튜브 영상에는 몇 가지 장점이 있다. 영상을 보고 나면 지금 본 영상과 관련된 영상이 자동으로 화면에 떠서 연관 학습을 쭉 해나갈 수 있다. 파고드는 공부, 즉 딥러닝이 자연스럽게 이뤄진다. 또한 짧은 영상이 많아서 집중력이 짧은 아이에게 적합하다. 아이가 스마트폰으로 유튜브 영상을 검색하고 듣는 과정에서 시각, 청각, 촉각 등 오감이 자극된다. 이때 아이의 좌뇌와 우뇌가 동시에 요동친다. 글자를 담당하는 좌뇌와 이미지를 담당하는 우뇌가 동시에 자극되는 것이다.

천재들의 로먼룸 기억법

유튜브를 보는 아이는 영상, 그림, 소리에 자극받아 이미지로 영어문장과 단어를 기억한다. 소위 '천재들의 기억법'이라고 하는 '로먼룸 기억법'과 비슷하다. 로먼룸 기억법은 이미지를 연상해 기억하는 방법으로, A라는 이미지를 보면서 B, C, D 등의 다른 단어나 문장을 기억하는 것이다. 예를 들어, 아이가 '사과'라는 단어를 들으면 유튜브 영상에서 보았던 빨간 사과의 이미지와 함께 'apple'을 말하던 곰을 연결해서 떠올리도록 한다. 그러면 아이는 사과라는 단어를 생각할 때마다 빨간 사과, apple, 곰을 동시에 떠올려 단어를 기억해낸다. 다시 말해 사과, 빨간 사과, 곰을 생각하면 apple이란 단어가 떠오르는 것이다. 이렇게 하면 자연스럽게 영어단어를 떠올릴 때마다 자신이 보았던 영상 속의 이미지를 동시에 떠올려 기억해내게 된다. 단어와 이미지가 결합되면 오랫동안 기억할 수 있다. 단어장을 이용해 영어단어를 외우면 금방 잊어버리지만, 단어에 나만의 이미지를 부여하면 뇌는 이 정보를 기억의 방에 장기 저장한다.

어휘력 폭발은 적합한 시기가 있지만, 이미지로 기억하는 로먼룸 기억법은 시기와 무관하다. 로먼룸 기억법으로 평범한 중학생이 19일 만에 영어단어 3천 개를 줄줄 암기하거나, 늦깎이로 공부를 시작한 직장인이 2개월 만에 영어단어 1천 개를 외웠다는 사례가 많다. 〈영재발굴단〉에 소개된 사례 중 고등학교 수학을 쉽게 풀던 초등학교 3학년 승재도 그중 하나다. 승재는 '원주율표를 외울 때 머릿속에 자신만의 그림을 그려 단어와 이미지를 함께 기억해서 외운다'고 말했다.

이미지로 기억하는 방법은 처음엔 낯설게 느껴지나 습관이 되면 무서울 정도의 기억력을 가지게 된다. 우리는 평소에 뇌기능의 10% 정도를 사용하고 있다. 아이도 마찬가지다. 아이가 나머지 90%에 이미지 방을 만들고 여러 정보들을 저장한다면 어떤 분야에서든 영재가 될 가능성이 크다. 생각해보라. 우리가 평생 잊어버리지 않고 기억하는 거의 모든 것들은 이미지로 저장되어 있지 않은가.

찬영이는 어휘력 폭발기에 우연히 유튜브에서 알파벳송을 보았다. 이후 영어에 관심을 가지는 찬영이를 위해 부모가 해준 일은 간단했다. 하루 30분 이상의 영어 동영상을 보여주고 수시로 영어 동화책을 읽어준 것이 전부다. 어휘력 폭발기에 이런 방법으로 영어를 배우면 누구나 영어 영재가 될 가능성이 있다. 유튜브를 보고 영어 영재가 되었다고 하는 아이들은 영상을 통해 스스로 로먼룸 기억법을 활용한 것으로 보인다. 이미지 기억법은 부모라면 자녀에게 꼭 알려줘야 할 공부 방법이다.

엄마의 세심한 관찰이 영재를 만든다

유림이 엄마 전은정

이제 열한 살이 된 유림이는 집에서 홈스쿨링을 한다. 26개월부터 영어를 포함한 외국어에 관심을 보인 아이를 엄마는 그냥 지나치지 않았다. 엄마는 아이가 순간적으로 보이는 관심과 재능을 포착해 영재 수준으로 이끌어냈다.

16세에 대학교수가 된 칼 비테 주니어는 타고난 천재가 아니었다. 아버지 칼 비테가 아이의 지적 욕구를 끊임없이 자극해서 잠재력을 폭발시킨 결과 수재로 자라난 것이다. 오늘날 수많은 학자들이 이런 말을 한다. '아이의 잠재력은 시간이 지나면 사라진다.' 나는 이 말을 믿는다. 특히 아이는 환경에 적응이 빠르다. 학교에 가는 순간 특별한 아이도 보통의 아이로 변화될 가능성이 크다. 특히 한국의 주입식, 입시경쟁 위주의 교육은 아이의 잠재력을 없애는 주범이다. 현대식 학교교육의 시작이 국가의 명령을 잘 수행하는 군인을 양성하기 위한 것임을 생각해보면 놀라운 일이 아니다. 아이들이 그런 교육에 지속적으로 노출되면 잠재력과 상상력은 신기루처럼 사라져 버린다.

엄마 전은정은 유림이가 세 살 때부터 영어동요, 애니메이션을 보여주며 영어 잠재력을 발현시켜 주었다. 그랬더니 유림이는 다섯 살 무렵부터 영어로 의사소통을 하는 수준에 이르렀다. 어느 날이었다. 유치원에 다니던 유림이가 엄마에게 "나는 영어로 이야기하고 싶은데, 유치원에는 영어로 이야기할 사람이 없어요"라고 말했다. 엄마와 아빠는 고민에 빠졌다. 그리고 유치원을 그만두었다.

유림이는 집에서 영어공부를 하다가 우연히 중국어를 접하게 되었다. 중국어에 흥미를 느낀 유림이에게 엄마는 중국 애니메이션을 보여주면서 동화책을 권했다. 중국어에 푹 빠진 유림이는 어느 순간 중국어를 듣고 따라 말하기 시작했고, 지금은 중국어로 독후감을 쓰며 중국인과 자유롭게 대화하는 수준이 되었다.

그렇게 유림이는 프랑스어, 스페인어까지 마스터하고 5개 국어를 구사하는 능력자가 되었다. 유림이가 어린 나이에 5개 국어를 익히게 된 것은 타고난 천재라서가 아니다. 아이의 관심을 그냥 지나치지 않고 지속적으로 다언어 환경에 노출시킨 엄마의 노력이 크다.

유림이가 초등학교에 갈 나이가 되자 엄마와 아빠는 또 한 번 깊은 고민에 빠졌다. 부모는 오직 유림이만 생각하고, 홈스쿨링을 시작했다. 엄마는 유림이의 여러 이야기들을 블로그에 올린다. 그곳에 가면 유림이가 어떻게 자라왔고 언어 공부를 했는지 볼 수 있다. 우리 아들 찬유가 유림이와 같은 또래여서 더욱 관심을 가지고 살펴보았다. 아무래도 같은 부모로서 5개 국어를 익힌 비결이 제일 궁금했다. 유림이가 5개 국어를 하는 데 있어 부모와 선생님 역할을 톡톡히 해낸 엄마의 노하우를 소개한다.

아이가 영어에 마음을 열고, 귀를 열게 하는 법

엄마는 영어가 귀에 들리도록 하는 게 우선이라고 생각을 했다. 그래서 아이에게 영어 CD와 놀이동요를 지속적으로 들려주었다. 유림이의 경우 영어 듣기를 좋아했지만, 이런 것을 싫어하는 아이한테는 어떡해야 할까? 아이에 따라서는 영어로 노는 것이나 영어 CD 소리에 거부 반응을 보일 수도 있다. 그녀는 아이의 거부감을 줄이는 것이 최우선이라고 말한다. 아이에게 강요하는 것이 아니라, 엄마가 영어를 듣고 영어로 노는 모습을 보여주면서 자연스럽게 아이가 익숙해지도록 한다.

예를 들면 이런 식이다. 아이가 영어 책을 거부하면 엄마 혼자 읽는다. 엄마 혼자 인형극을 하며 영어를 즐기거나, 영어 음악을 들으며 신나는 모습도 보여준다. 아이가 영어 CD 소리가 싫다며 꺼달라고 한다면? 아이의 의사를 존중해주자. 대신 '엄마는 듣고 싶은데 엄마만 들으면 안 돼?'라고 물어보고, 그래도 거부한다면 꺼두었다가 아이가 의식하지 못할 때 다시 틀면 된다. '무조건 영어로 놀아야 해', '싫어도 여기까지 듣자'라는 식으로 아이에게 강요하지 않는 것이 중요하다. 그녀는 경험에서 우러나오는 조언을 해준다.

아이의 거부감을 없애주시고, 아이의 의사를 존중한다는 느낌이 들게 해주시는 게 제일 중요한 거 같아요. 중요한건 영어를 즐겨야 하는 거니까요. 눈앞을 보지 마시고, 10년, 20년 후를 생각하고 영어를 노출해주세요. 엄마의 조급한 마음을 들키지 마세요.

— 블로그 〈떼루의 다국어 언스쿨링, 홈스쿨링〉 중에서

영어 노출 환경을 만들고 단계별로 교육을 업그레이드하라

엄마는 잉글리시에그의 부모와 함께할 수 있는 영어 프로그램에 가입해 에그 음악과 스토리들이 항상 집에서 들리도록 만들었다. 아이가 영어에 흠뻑 빠지도록 이른바 영어 노출 환경을 조성해준 것이다. 영어 노출 시간이 길어지면서 유림이는 소음처럼 들리던 영어를 말로 인식하는 단계에 접어들었다. 귀가 열리자 입이 열렸다. 엄마는 칭찬을 아끼지 않았다. 자신감이 붙은 유림이는 영어로 이야기하는 것을 즐거워했다. 따로 파닉스와 철자 공부를 하지 않았는데도 조금씩 영어를 읽기 시작하는 변화가 일어났다.

여기서 중요한 것은 영상을 늦게 보여줬다는 점이다. 어린아이들은 영상을 무서워하는 경우도 있는데 유림이가 그랬다. 그래서 엄마는 영어를 많이 들려준 다음 영어 동화책을 보도록 이끌었다. 영어로 듣고 읽는 시간을 축적한 다음에 영상을 보여준 것이다. 그렇게 '영상을 통해 많은 문장들을 흡수하면서 영어 폭발기'가 왔다고 한다.

유림이는 영어에 자주 노출되는 환경에서 자라면서 귀가 열렸다. 그리고 영어를 말하는 입이 열렸고, 그다음 영어책을 읽는 눈이 떠지는 단계를 거쳤다. 이렇게 특별한 사교육 없이 엄마와 집에서 영어를 공부하다가, 유림이가 영어로 조금씩 대화가 가능할 때부터는 한 달에 1회 원어민이 집으로 방문해서 유림이와 대화를 나누도록 기회를 마련해줬다. 그러자 유림이의 영어 실력은 한 단계 더 올라갔다. 엄마는 다른 외국어도 이러한 단계를 거치도록 했다.

모든 아이는 언어 잠재력을 갖고 있다. 그러나 대부분의 아이들은 모국어를 습득하는 수준에 머무른다. 언어 잠재력을 일깨우고 발현시키는 것은 부모의 역할이지 아이가 꼭 해내야 하는 임무가 아니다. 유림이만 보더라도 충분히 알 수 있는 사실이다.

외국어 교육의 기준, 영어보다는 한글이 우선이다

내 조카는 여섯 살이다. 아직 한글을 못 떼서 동생이 걱정을 많이 하고 있다. 동생은 아이가 워낙 활동적이어서 정적인 것을 싫어해 글자 가르치기가 쉽지 않다고 토로했다. 나는 이렇게 조언해주었다.

"아이가 활동적이면 활동적인 놀이를 통해 한글을 배우면 효과적이야. 가령 집안에서 '글자' 보물찾기 놀이를 하며 신나게 글자를 배울 수 있어. 로봇을 숨겨놓고 보물찾기 놀이를 하는 거지. 아이가 로봇을 찾으면 미리 준비한 '단어카드'에서 '로봇' 글자를 찾아보게 하는 식이야. 아이가 의사소통을 하는 데 문제가 없으니까 그만큼 한글에 대한 배경지식은 쌓여 있는 셈이지. 걱정하지 않아도 돼. 한글을 배우는 데 무슨 특별한 비법이 있는 게 아니야. 결국 부모가 아이 성향에 맞는 여러 방법을 고민하고 적용하면서 한글을 익혀야 하는 거지. 단, 동화책을 많이 읽어주는 건 꼭 필요해. 읽어줄 때는 등장인물의 목소리를 흉내 내면 아이가 더 좋아할 거야. 그러다 보면 어느새 책을 가까이하게 되고 한글을 읽기 시작한다. 독서 습관도 영어처럼 부모가 계속 노출을 시켜줘야 생겨."

유림이는 한글을 먼저 익히고 영어를 시작했다. 말이 제법 빠른 편이었고

36개월쯤에는 한글을 읽게 되었다. 그전까지 엄마가 하루에 100권 이상 책을 읽어줬다고 하니 유림이의 한글 실력도 엄마의 노력으로 다져진 결과다.

가끔 한글도 익히지 않은 아이에게 영어부터 가르치는 부모들이 있는데 부작용이 따른다. 나중에는 한글도 안 되고 영어도 안 되는 결과가 생길 수 있다. 〈영재발굴단〉에도 그런 사례가 일부 소개되었다. 영어를 모국어 수준으로 하는 태윤이는 한글을 몰라서 애를 먹었다. 태윤이는 "저한테는 영어가 더 편해요. 한글 공부는 재미없고 어려워요"라고 말했다. 한글을 두려워하는 태윤이는 친구들과 어울리는 것도 꺼려했다. 정신건강 전문의에게 언어능력을 검사받은 결과 태윤이는 언해 이해 능력은 보통, 작업 기억 능력과 처리속도는 평균 이하였다.

영어는 외국어고, 한글은 모국어다. 순서가 바뀌면 아이는 혼란스러워한다. 미국에서 몇 년간 살았어도 한국에 오면 금방 잊고 마는 게 영어다. 영어는 천천히 지속적으로 해야 한다. 아이가 영어를 잘한다고 해서 한글을 소홀히 하면 대인관계, 문제해결력, 자신감, 자존감 등에 문제가 생겨 학교 생활에 적응하는 데도 어려움을 겪는다. 유림이 엄마는 한글을 완전히 떼고 외국어에 집중적으로 노출시켰는데 결과적으로 현명한 선택이었다.

영재는 어떻게 탄생하는가?

나는 〈영재발굴단〉을 즐겨본다. 교육학자로서 아이가 어떠한 계기와 방법으로 영재가 되었는지 궁금하기 때문이다. 그리고 욕심이 난다. 자녀를 영재로 키우고 싶은 부모의 마음은 모두 한결같다.

〈영재발굴단〉을 보면서 반복되는 다섯 가지 공통 키워드를 발견했다. 바로 '계기 ▶ 부모 역할 ▶ 지속적 시간 투입 ▶ 몰입 ▶ 영재'이다.

계기는 영재의 시작을 말한다. 무엇이든지 그 시작이 있는 법, 영재 또한 어느 날 갑자기 영재가 된 것이 아니라 어떠한 계기가 있어서 되었다. 우리는 영재와 천재는 타고나는 것이라고 생각하지만 그런 경우는 아주 드물다.

영재는 단계를 거쳐서 완성된다. 그 첫 번째가 계기를 마련하는 것이다. 반기문 전 유엔 사무총장은 "신이 역사의 순간을 지날 때 그 옷깃을 잡는 사람이 역사를 이룬다"라고 말했다. 역사의 주인공들은 순간을 기회로 잡아서 역사를 만들었다. 바꾸어 말하면 "아이가 순간적으로 보이는 관심과 재능을 포착하는 부모가 영재를 만든다." 즉 아이가 영재가 되려면 부모의 역할이 매우 중요하다는 뜻이다.

아이들은 변화무쌍하다. 그런 아이들의 재능과 잠재력을 파악해내는 일은 부모가 가장 잘할 수 있다. 그러나 거꾸로 생각하면 오히려 아이를 매일 보기 때문에 그 재능과 잠재력을 '일상의 눈'으로 보고 지나칠 수도 있다. 사실 나를 포함한 대부분의 부모가 그렇다. 그래서 부모의 역할이 중요한 것이다. 아이의 재능은 비범한 형태로 나타날 수도 있지만, 때로는 평범한 일상의 순간에 아무렇지 않은 듯 드러날 수도 있다. 부모는 그것을 잘 포착해야 한다.

최고의 부모는 아이의 일상에서 특이한 반응, 경험, 현상을 지나치지 않고 그것을 특별한 계기로 만든다. 그리고 아이가 관심과 재능을 보이는 것에 지속적으로 시간을 투입하도록 환경을 만들어준다. 보통 한 분야에서 전문가로 인정받으려면 1만 시간을 투입해야 한다. 하루 10시간이면 3년, 하루 3시간이면 10년이 걸린다. 대부분의 영재들은 그 정도의 시간을 투입했다.

그다음은 몰입이다. 인간에게는 몰입 본능이 있다. 자신이 좋아하고 잘하는 것을 지속적으로 하다 보면 누구나 몰입을 경험한다. 그때부터는 누구도 말리지 못한다. 몰입을 경험한 아이는 최상의 황홀감을 느낀다. 한 분야에 몰입하면 응용력이 생겨 새로운 것을 만들어낸다. 그때 비로소 한 분야의 전문가 수준에 이르는 영재가 되는 것이다.

영재는 어떻게 탄생하는가? 영재의 신화는 아이의 관심과 재능을 놓치지 않고 매의 눈으로 포착해 특별한 계기를 만들어주고, 1만 시간을 투입하도록 도와주는 부모로부터 시작된다.

PART 05

시련을 넘어 특별한 아이로 키워내라

고난 앞에서 부모는 강인해진다. 어둠 속에서
아이를 빛나는 존재로 키워낸 부모들의 위대한
이야기를 만나보자. 모든 아이는 저마다의
가능성을 가지고 태어난다.
어려운 환경에서도 교육을 양보하지 않으며,
평범하지 않은 아이에게서 잠재력을 발견해내고,
포기하지 않고 아이의 가치를 증명해내는 것은
오로지 부모만이 일으킬 수 있는 기적이다.

자폐아를 세계적인 물리학자로 키우다

크리스틴 바넷

크리스틴은 제이콥을 임신하고 아홉 번 입원했다. 혈압은 위험할 정도로 치솟았다. 분만이 가까워졌을 때는 주치의가 남편을 따로 불러 아내와 아기 둘 중 한 명은 위험할 수도 있다고 미리 알려줬다. 잔뜩 겁을 먹고 있었지만 다행히 산모와 아기는 건강했다.

어린이집을 운영하던 크리스틴은 제이콥이 다른 아이와 다르다는 걸 눈치챘다. 14개월이 지날 무렵부터 급속도로 말이 없어졌다. 주위에 무슨 일이 일어나는지 관심을 갖지 않았다. 오로지 창문에 비치는 햇빛만 바라보았다. 남편은 괜찮다고 했지만 그녀는 자꾸만 이상한 예감이 들어 불안했다.

그러던 어느 날, 크리스틴의 어머니가 손자를 보러 먼 곳에서 달려왔다. 농장에서 금방 태어난 인형 같은 새끼오리를 손자의 선물로 준비했다. 할머니는 손자가 새끼오리를 보는 모습을 상상하는 것만으로도 기분이 들떴다. 집 안으로 들어섰을 때, 손자는 책상 위에서 종이에 동그라미를 반복적으로 그리고 있었다. 할머니는 조용히 책상 위에 새끼오리를 올려놓았다. 그러나 제이콥은 새끼오리에는 눈길도 주지 않고 동그라미를 그리는 데만 집중했다. 오히려 손으로 새끼오리를 종이에서 밀어냈다. 할머니는 몹시 놀란 표정을 지으며 말했다.

"크리스틴, 아무래도 제이콥을 병원에 데려가 봐야겠구나."

병원 진단 결과 제이콥은 '심각한 발달장애' 판정을 받았다. 정부에서 지원하는 언어치료사와 발달치료사가 일주일에 세 번씩 방문 치료를 왔다. 그러나 언어치료사는 제이콥과 한마디 말도 나누지 못했다. 제이콥의 상태를 평가하기 위해 치료사가 방문했다. 크리스틴과 남편 마이클은 손을 꼭 잡았다. 제발 자폐증만 아니라고 해주길 바랐다. 치료사는 꽤 오랜 시간 동안 제이콥을 관찰한 다음 '아스퍼거 증후군'이며, 시간이 지나면 심각한 자폐증으로 발전할 거라고 말했다.

크리스틴은 자폐증이 도둑이라 생각했다. 아이도 데려가고, 가족의 행복도 남김없이 가져가 버리는 무서운 도둑. 그즈음 제이콥은 완전히 말문을 닫아 버리고 눈도 마주치지 않았다. 제이콥은 벽에 비치는 그림자를 몇 시간 동안 집중해서 쳐다보고는 했다.

시간은 무심히 흘러 두 번째 평가가 진행되었다. 이번에는 '완전한 자폐증'으로 나왔다. 제이콥의 치료시간은 매주 40시간이 넘어가고 있었다. 치료시간은 길었지만 어떠한 변화도 찾을 수 없었다. 이 아이에게 무엇을 기대할 수 있을까?

희귀병을 앓는 둘째

얼마 후 크리스틴은 둘째를 임신했다. 제이콥과는 다르게 뱃속에서 잘 자라주었다. 출산도 순조로웠다. 크리스틴과 마이클은 아이의 이름을 웨슬리라고 지었다. 웨슬리가 태어난 지 두 달이 지났을 때 크리스틴은 아이가 소화계통에 문제가 있음을 직감했다. 무엇을 먹든지 간에 구토와 기침을 멈추지 않았다. 의사는 '반사성교감신경위축증'이며, 아직 그 원인이 밝혀지지 않은 희귀병이라는 말을 덧붙였다.

웨슬리는 경련을 시작했고, 가만히 있어도 지속적으로 통증을 느끼는 듯 몸을 바들바들 떨었다. 잠시도 아이의 곁을 떠날 수가 없었다. 크리스틴과 마이클은 완전히 지쳐버렸다. 하루하루가 지옥과도 같은 생활이었다.

아이의 특별함을 발견한 부모

제이콥과 웨슬리는 매일 크리스틴이 일하는 어린이집에 왔다. 대신 봐줄 사람이 없었기 때문이다. 어느 날 크리스틴은 아이들이 집으로 돌아간 후에 어린이집을 청소하다가 놀라운 광경과 마주했다. 제이콥이 어린이집에 있는 크레파스를 모두 세워 기하학적인 문양을 만들고 있었다. 가만히 보니 '빨주노초파남보' 순서대로 세우고 있었다. 다음 날 크리스틴은 아침밥을 먹으며 조금은 흥분한 채로 마이클에게 물었다.

"제이콥이 어떻게 그런 일을 할 수 있었을까?"

가만히 이야기를 듣고 있던 제이콥이 투명한 컵을 아침햇살에 갖다 대었다. 무지개가 생겼다. 마이클은 말했다.

"왜 그런지 알 것 같아, 여보."

하루에도 몇 시간 동안 늘 햇빛과 그림자를 관찰하던 제이콥은 빛이 일곱 가지 무지개색으로 이루어져 있음을 스스로 알아낸 것이다. 제이콥은 한 가지 일에 몰입하고 가끔 무척 독특한 행동을 했다. 그런 특별함은 부모밖에 몰랐다. 치료사들은 자폐아의 특징이라며 일반화시켜 버렸다.

희망이 보이지 않는다면, 희망을 만들면 된다

이제 크리스틴과 마이클은 자폐증에 대해 전문가 수준이 되었다. 전문서적, 인터넷 카페, 자폐아 부모모임 등에서 수많은 사례와 치료방법을 공부했다. 아이들의 자폐증상은 같으면서도 다르게 나타났다. 크리스틴은 제이콥에 맞는 고감각 프로그램을 마이클과 함께 만들어 제이콥과 소통했다.

제이콥에게 변화가 서서히 나타나고 있었다. 여름이 되자 크리스틴은 어린이집 마당에 스프링클러를 틀어 놓았다. 아이들은 물세례를 맞으며 온 몸이 흠뻑 젖도록 신나게 뛰어놀았다. 보기만 해도 행복해졌지만 그곳에 제이콥은 없었다. 그때 크리스틴은 깨달았다. 제이콥이 자폐진단을 받은 후에 한 번도 마음껏 논 적이 없다는 것을.

크리스틴은 마이클에게 전화를 걸었다.

"여보, 오늘 웨슬리를 좀 봐줘. 제이콥과 데이트를 좀 해야겠어."

크리스틴은 제이콥을 차에 태우고 자신이 어린 시절 놀던 시골길을 달렸다. 크리스틴은 음악을 틀고 제이콥을 안고 춤을 추었다. 저녁이 되어 어둑어둑해지자 제이콥과 나란히 누워 별을 바라봤다. 제이콥은 별빛에 넋을 빼앗겼다. 이전에 크리스틴은 그토록 행복해 보이는 제이콥을 본 적이 없었다. 그해 여름 제이콥은 낮에는 힘겨운 치료를 받고 저녁이면 매일 쏟아지는 별빛을 볼 수 있었다.

지금도 크리스틴은 매일 밤 제이콥과 별을 보러 다닌 그 일이 아들을 세상으로 걸어 나오게 한 중요한 시작점이었다고 믿고 있다. 제이콥은 여전히 눈을 맞추지 않았지만 태어난 이래 가장 큰 교감을 하고 있었다.

잘 자요, 엄마

다른 지역에서 친구의 결혼식이 있었다. 아침 일찍 출발을 하기 위해 제이콥을 재우려 했지만 제이콥은 몸으로 버티며 잠자리에 드는 걸 거부했다. 당황해서 마이클을 불렀지만 제이콥은 끝내 눕지 않고 벽만 바라봤다. 그러다 갑자기 스스로 잠자리에 누웠다. 시계를 보니 8시 정각이었다. 가만히 생각해 보니 제이콥은 항상 그맘때 잠자리에 들었다. 그날부터 크리스틴은 제이콥이 잠드는 시간을 측정했다. 아니나 다를까. 제이콥은 창가로 들어오는 빛의 그림자를 보고 정확히 8시에 맞춰 잠자리에 들었다.

자폐아는 예상되는 반복되는 일과를 좋아한다. 크리스틴은 8시가 가까워지면 제이콥에게 "잘 자라! 우리 아가"라고 이마에 뽀뽀를 해주었다. 물론 제이콥은 반응이 없었다. 자폐아를 키우는 부모의 가장 큰 어려움은 아이가 반응하지 않는다는 것이다. 아이에게 사랑한다고 아무리 말해도 그 말을 아이에게서 되돌려 듣기란 하늘의 별따기와 같다. 그게 부모를 지치게 만들고 아이를 포기하게 만든다.

제이콥과 별을 보러 다닌 지도 반년이 지난 어느 날, 크리스틴은 매일 그렇듯 잠자리에 든 제이콥에게 굿나잇 키스를 해주고 '잘 자라'고 인사를 했다. 그 순간 제이콥이 손을 뻗어 크리스틴을 안으며 "잘 자요, 아기 베이글"이라고 말하는 것이 아닌가. 크리스틴의 눈물이 제이콥의 어깨를 타고 흘러내렸다. 18개월 만에 처음 듣는 아들의 목소리였다. 찰나 같은 행복이었다. 그러나 그 순간뿐이었다. 제이콥은 그런 모습을 다시 보여주지 않았다. 크리스틴은 손에 움켜쥔 모래가 손가락 사이로 사르륵 빠져나가는 기분을 느꼈다.

엄마는 절대로 포기하지 않아!

이제 제이콥은 엄마와 떨어져 특수유치원을 다녔다. 어느 날 특수학교 선생님이 집으로 찾아왔다. 그가 말했다.

"어머님, 아침에 제이콥에게 준 알파벳 카드에 대해 할 말이 있습니다. 제이콥은 알파벳을 배우는 것보다 혼자 옷 입는 방법을 배우는 게 중요해요. 어쩌면 제이콥에게는 알파벳 카드가 필요 없을지도 모르겠습니다."

선생님은 돌려서 표현했지만 그건 분명히 제이콥이 커서도 글자를 읽지 못할 거라는 말이었다. 제이콥이 태어나고 매일 충격 속에 살았던 크리스틴이지만, 그 말은 너무나 충격적이었다. 유치원에서는 제이콥이 열여섯 살이 되면 스스로 신발 끈을 맬 수 있도록 하는 게 목표라고 말했다. 그런 아이를 보고 있자니 매일 가슴이 무너져 내렸다. 크리스틴이 특수유치원의 전문가들을 만날 때마다 그들은 '이 아이는 불가능하다, 이 아이는 안 될 것이다'라고 말했다. 이를 통해 그녀는 한 가지를 확실하게 깨달았다. 특수유치원 선생님들이 제이콥을 포기했다는 사실을.

크리스틴은 다음날부터 제이콥을 특수유치원에 보내지 않았다. 그 일로 마이클과 크게 싸웠다. 모두가 제이콥을 포기해도 엄마인 자신은 절대 포기하지 않겠다고 마음을 다졌다. 마이클과 한바탕 싸우고 난 그녀는 "난 할 수 있어. 내가 해내고 말거야! 마이클. 제이콥은 특수학교가 아니라 일반학교에 가게 될 거야"라고 말했다. 그건 자신과 세상에 외치는 희망의 주문이었다.

엄마의 직감을 믿고 아이의 재능에 집중하다

크리스틴은 유치원의 일과와 놀이 활동을 집중적으로 배워 제이콥에게 적용시켰다. 쓸데없는 일이었다. 제이콥은 따라오지 않았다. 전략을 바꿨다. 제이콥이 좋아하는 퍼즐놀이를 하루 종일 실컷 하도록 내버려두었다. 특수유치원에서는 어림도 없는 일이었다. 그곳에서 제이콥은 공감력을 기른다고 '인형에 밥을 먹이는 활동'을 해야 했고, 선생님들은 제이콥이 그 일을 할 때까지 끊임없이 시켰다.

집에서 자신이 좋아하는 퍼즐을 하면서 제이콥은 조금씩 변화를 보였다.

마음이 편안해졌는지 말문도 열었다. 크리스틴은 마법의 비밀을 알아낸 것 같았다. 제이콥이 좋아하고 잘하는 일을 하도록 충분한 시간을 주었다. 그렇게 숫자암송을 즐기는 제이콥을 관찰하던 중 크리스틴은 놀라 자빠질 뻔했다. 제이콥은 열몇 자리의 숫자를 따라 하다 마지막에 큰 소리로 외치곤 했는데, 제이콥이 외치는 마지막 숫자가 모든 숫자의 합이란 걸 알게 된 것이다.

이어지는 변화는 거침이 없었다. 제이콥은 자동차를 타고 가다가 간판의 글씨를 읽기 시작했다. 불과 얼마 전 특수유치원 선생님은 제이콥이 글자를 읽을 일은 결코 일어나지 않으리라 말하며 알파벳 카드조차 필요 없다고 하지 않았던가. 마트에 장을 보러 가면 제이콥은 카트에 담긴 물건들을 일일이 확인하고는 했다. 그리고 계산도 하기 전에 계산할 총액을 엄마에게 알려주었다. 제이콥이 잘하는 일에 집중하여 교육한 효과가 나타나기 시작한 것이다.

이런 일이 소문나면서 자폐증을 가진 아이의 부모들에게서 메일과 문자메시지가 쏟아졌다. 크리스틴은 자신의 어린이집이 쉬는 날과 저녁에 자폐증을 가진 아이들에게 무료 교실 '리틀 라이트'를 열었다. 자폐아 부모들은 지푸라기라도 잡는 심정으로 그곳을 찾았다. 열한 살의 제러드는 8년 동안 말을 하지 못했지만 크리스틴을 만나고 이틀 만에 말문을 열었다. 제러드가 보이는 행동을 면밀하게 관찰하고 아이가 관심을 보이는 놀이를 함께 하며 자극을 주었더니 말문을 연 것이다. 제러드의 엄마와 크리스틴은 그 모습을 보면서 말없이 눈물만 흘렸다.

리틀 라이트에 수많은 자폐아와 부모들이 모여들기 시작했다. 어느새 리틀 라이트는 일반 유치원에 보내기 위한 예비학교가 되었다. 크리스틴은 리틀 라이트를 무료로 운영하느라 제이콥에게 사탕 하나 사줄 돈도 없었지만 끝까지 무료를 고집했다. 누구보다 자폐증을 가진 부모들의 어려움을 아는 그녀는 그들의 짐을 조금이나마 덜어주고 싶었다.

부모가 아이 속으로 들어가면 무한한 세계를 볼 수 있다

크리스틴이 제이콥과 서점에 들른 어느 날, 누군가 보다가 엎어놓은 천문학 책에 제이콥의 시선이 멈췄다. 얼핏 보니 천문학자들이 읽는 아주 크고 복잡한 책이었다. 크리스틴은 필요한 책을 사고 난 후에 나가자고 했지만 제이콥은 꼼짝도 하지 않았다. 결국 그 책을 구입하고 나서야 서점을 나올 수 있었다. 제이콥은 그 책에 무섭게 빠져들었다. 엄마와 일상적인 소통은 아직 안 되는 상태인데도, 별자리와 천문현상은 혼자서 노래하듯이 줄줄 말하며 다녔다.

크리스틴은 제이콥을 위해 주변 천문대를 찾았다. 그날은 대학교수가 강사로 나서는 전문적인 천문 세미나가 열리는 날이었다. 크리스틴은 그만 나가자고 말했지만 아이는 꼼짝하지 않았다. 강의 도중 강사가 물었다.

"화성의 달은 왜 타원형일까요?"

순간 정적이 흘렀다. 아무도 대답하지 못하는 그때 제이콥이 손을 번쩍 들며 말했다.

"화성의 달은 작고, 그래서 질량도 작아요. 달의 중력이 작아서 원형을 갖출 만큼 끌어당기지 못하기 때문입니다."

제이콥이 태어나서 가장 길게 한 말이었다. 다시 강의장에 정적이 흘렀다. 크리스틴의 온몸에는 전율이 흘렀다. 그날 밤 마이클은 아내 크리스틴에게 말했다.

"당신 말이 옳았어. 제이콥을 특수유치원에 보냈다면 이런 일은 절대 일어나지 못했을 거야. 제이콥이 아직 특수유치원을 다닌다면 여전히 그곳에서 인형에 밥을 떠먹여 주는 훈련을 하고 있었을 거야."

비로소 크리스틴과 마이클은 깨달았다. 아이를 자신만의 세계에서 데려 나오려 하지 말고, 부모가 그 속으로 들어가면 무한한 세계를 볼 수 있다는 것을. 제이콥은 일곱 살이 되던 해에 일반 유치원에 입학할 수 있었다. 그리고 크리스틴은 셋째를 출산했다. 이번 아이는 아무런 문제가 없었다. 그래서 아이의 이름은 평화를 뜻하는 '피스풀Peaceful'로 지었다.

세상을 향해 걸어 나오다

제이콥은 무사히 유치원을 졸업하고 일반 초등학교에 들어갔다. 여전히 일상적인 대화는 힘들었지만 크리스틴이 걱정하는 큰일은 일어나지 않았다. 큰일은 오히려 예상과는 다른 엉뚱한 데서 일어났다. 제이콥이 학교에서 수학 교재를 받자마자 단 이틀 만에 모든 문제를 풀어버린 것이다. 아이는 문제가 보이면 말 그대로 닥치는 대로 풀었다. 서점에 갔다가 고졸학력인증시험GED 문제집을 발견하고 사달라고 조르기도 했다.

제이콥은 언어 능력에는 관심이 없었다. 오로지 수학이었다. 초등학교 1학년 말 무렵, 제이콥은 고졸학력인증시험 수학 과목에서 만점을 받았다. 제이콥의 지적 능력은 상상 그 이상이었다. 제이콥은 뒷마당에 누워 혼자 낄낄거리며 나뭇잎을 세는 놀이를 좋아했다. "5764……"라고 말하다가 바람에 나뭇잎이 하나 떨어지면 "5763"이라고 말했다. 하나씩 나뭇잎을 세는 것이 아니라 이미지로 단번에 전체 숫자를 알아맞혔다. 제이콥에게서 그런 특이한 일들이 자주 발견되었다.

3학년에 올라간 제이콥은 학교에 흥미를 완전히 잃고 말았다. 집에 오면 책장에 몸을 구겨 넣는 일이 다시 시작되었다. 크리스틴은 해결법을 알고 있었다. 제이콥에게 필요한 건 지적 자극이었다. 학교에 고학년 수학을 청강하도록 요청했지만 거절당했다.

크리스틴은 집 근처의 인디애나 대학교에서 천문학 강좌를 열고 있는 로드스 교수에게 전화를 걸었다. 로드스 교수는 흔쾌히 청강을 허락해주었다. 천문학 강의를 들으며 제이콥은 다시 안정을 찾았다. 강의가 끝나면 제이콥은 질문을 쏟아냈고 칠판에 암호와 같은 방정식을 꽉 채웠다. 교수는 제이콥을 보며 흥분을 감추지 않았다. 제이콥은 기존의 이론이 아닌 자신만의 새로운 이론을 만드는 데 탁월한 능력을 보였다.

세계 최연소 천체물리학 연구원

인디애나 대학교의 러셀 교수가 크리스틴을 찾았다.

"제이콥이 초등학교에서 나와 우리 대학교로 입학하는 건 어떨까요?"

크리스틴은 확신이 서지 않아 제이콥을 데리고 지능검사를 받았다. 결과는 무려 170. 이제 확신이 들었다. 제이콥은 열한 살 나이로 대학에 입학했고, 2학기 만에 대학생들에게 수학을 가르쳐주는 봉사를 하기 시작했다. 제이콥에게 사람들이 몰리자 수학 스터디 그룹을 여러 개 만들어 사람들에게 도움을 주었을 정도이다. 제이콥이 열두 살이 되자 인디애나 대학교는 유급 연구원으로 그를 채용했다. 연구를 시작하고 3주 만에 격자이론에서 미해결로 남아있던 문제를 단 2시간 만에 풀었다. 그 일로 제이콥은 세계적으로 주목받는 물리학자가 되었다. 지금 제이콥이 연구 중인 과제가 해결되면 최연소 노벨상이 가능한 수준이다.

아이의 불꽃을 찾아준 엄마

자기만의 세상 속에 갇혀 있던 제이콥을 세상 밖으로 안내한 사람은 누구도 아닌 엄마였다. 모두가 안 된다고 포기할 때 그녀는 한 줄기 희망과 비범함을 아들에게서 보았다. 사람들은 제이콥에게서 자폐증상만 보았다. 그러나 엄마는 달랐다. 다른 사람들의 눈에는 보이지 않던 아주 작은 희망의 빛줄기를 결코 놓치지 않았다.

하마터면 자폐아로 낙인찍혀 평생을 우울하게 살아갈 운명이었던 제이콥. 그는 엄마를 따라 어두운 내면을 힘겹게 걸어 나왔다. 온 힘을 다해 한발 한발 내디딜 때마다 빛이 조금씩 보였다. 엄마는 아들이 걸어가는 그 길을 밝히는 빛의 전사가 기꺼이 되어 주었다. 제이콥이 특수유치원에 갔을 때 엄마는 새로운 희망을 기대하고 있었다. 그러나 선생님들의 목표는 제이콥이 십대 중반에 혼자 신발끈을 묶도록 하는 데 그쳤고, 심지어 글은 영원히 읽지 못할 거라는 편견에 사로잡혀 있었다. 크리스틴은 특수유치원을 그만두는 결단을 내렸다. 힘들더라도 제이콥을 직접 가르치고 키우겠다고 결심했다.

엄마가 없었다면 제이콥은 아직도 특수학교에서 벽을 맞대고 비범함을 내면에 꼭꼭 숨기는 방법을 터득하거나 창의력을 남김없이 불태워버렸을 것이다. 크리스틴은 말한다.

"모든 아이는 불꽃을 가지고 태어난다. 하지만 그 불꽃은 잘 드러나지 않는다. 심지어 자신에게 그런 재능의 불꽃이 있는지도 모른다. 아이의 불꽃이 타오르는 그 찰나의 순간을 부모가 잡아내지 못하면 불꽃은 사그라져버린다. 아이로부터 불꽃을 확인하면 부모는 활활 타오르도록 연료를 계속 제공해야 한다. 그게 부모의 역할이다."

홀로 두 아들을 국제의사로 키운 아빠

함승훈

남자와 여자는 서로에게 첫사랑이었다. 별 볼 일 없는 남자라며 여자의 부모는 결혼을 반대했다. 그럴수록 사랑은 더 깊어졌다. 함께 독일 유학 중이었던 그들은 서로에게 기댔다. 남자는 도시공학도였고, 여자는 재능이 충만한 피아니스트였다. 7년간의 사랑이었다. 변치 않는 사랑에 부모님들도 두 손을 들었다. 여자는 남자의 아내가 되었다. 아내의 어원은 '안해'이다. 남자의 마음 안에 여자는 언제나 따스하고 환한 해였다. 두 사람은 결혼해 아들 둘을 낳았다. 더할 나위 없이 행복한 시간이었다. 먼저 학업을 마친 아내는 박사학위 논문을 쓰는 남편을 배려하기 위해 아이들을 데리고 한국으로 돌아왔다. 당시에는 독일에서 박사학위를 받으면 한국에서 어렵지 않게 교수 자리를 찾을 수 있었다. 조금만 기다리면 고생 끝 행복 시작이었다.

그런데 간혹 배의 통증을 호소하던 아내가 병원을 찾았다가 위암 말기 판정을 받았다. 그 소식을 들은 남자의 마음과 몸이 주저앉았다. 이제 곧 박사

학위 심사였으나 학위가 중요한 게 아니었다. 서둘러 한국으로 돌아온 남편은 아내를 지키려 했다. 그러나 아내는 박사논문을 쓰고 오라며 완강하게 등을 떠밀었다. 어쩔 수 없이 남편은 부모님에게 아내를 맡기고 다시 독일행 비행기에 몸을 실었다.

암은 빠르게 아내의 젊음을 잡아먹으며 덩치를 키웠다. 남편의 33번째 생일, 아내는 떠났다. 다섯 살, 세 살 아들을 남겨둔 채로. 부모님은 화장을 해야 빨리 잊는다고 했지만, 그럴 수는 없었다. 아내를 묻고 산소에서 내려오다가 세 살배기 아들이 달려오는 자동차에 치여 저만치 날아갔다. 아들을 안고 병원으로 달렸다. 다행히 생명에는 지장이 없었으나, 아빠의 마음속 절망은 더욱 깊어졌다. 첫째 아들 때문에 둘째를 병원에 두고 온 늦은 밤. 아들과 잠자리에 든 아빠가 아들의 머리를 쓰다듬었다. 아들이 말했다.

"이제 저한테는 엄마가 세 개나 있어요. 하늘나라에 하나, 낮에 갔던 산소에 하나, 지금 우리 옆에 하나. 엄마는 세 개예요. 그러니까 저는 하나도 슬프지 않아요."

그 말을 들은 아빠는 다짐했다. 홀로 아이들을 키우겠노라고, 재혼 같은 건 하지 않겠노라고. 아이들의 마음속에 있는 엄마를 위해서.

아들아! 우리 강해지자

아들이 퇴원을 하자 부모님에게 다시 아이들을 맡겼다. 어쨌든 박사학위를 끝마쳐야 했다. 독일에 돌아왔지만 아이들 때문에 논문이 손에 잡히지 않았다. 병마와 싸우던 아내를 두고 독일로 갔던 일이 계속 후회로 남았다. 그 한 달 동안 아내는 외롭게 세상을 떠나고 말았다. 시간은 사람을 기다려주지도, 무한하지도 않음을 깨달은 그는 부모님께 전화를 걸어 아이들을 독일로 보내달라고 말했다. 부모님은 완강히 반대했지만 아이들을 보내달라는 아빠의 고집을 꺾을 수는 없었다. 부모님은 아이들과 함께 독일행 비행기를 타겠다고 말했지만, 그마저도 반대했다. 이제 다섯 살, 세 살이지만 엄마 없이 홀로 서야 한다고 생각했다.

다섯 살 아들의 목에 함창화, 세 살 아들의 목에 함창수라 적힌 큰 이름표가 걸렸다. 김포공항은 한동안 울음바다로 변했다. 다섯 살 형은 세 살 동생의 손을 꼭 잡은 채 독일행 비행기를 탔다. 독일 프랑크푸르트 공항에서 초조하게 기다리던 아빠 함승훈은 아이들을 발견하고 달려가 꼭 안았다. 다음 날부터 아이들은 3평짜리 좁은 연구실에 함께 출근해 그곳에서 하루 종일 지냈다. 아빠는 논문을 쓰고, 아이들은 놀았다.

아빠가 나서면 아이가 바뀐다

함승훈은 끊임없이 시련을 마주했지만 아이 둘을 돌보며 그 어렵다는 독일 박사학위를 받았다. 한국에 돌아오고 나서 그는 계명대 도시공학과 교수에 임용되었다. 아이들은 엄마 없이도 씩씩하게 자라주었다. 어느 날 초등학교에 다녀온 큰아들 창화의 얼굴이 새빨갛게 부어있었다. 아들은 친구들이 있는 자리에서 친구 아빠한테 따귀를 다섯 대나 맞았다고 말했다. 아들의 말에 분노가 들끓었지만 흥분을 가라앉히고 차분하게 이유를 물었다.

"버스를 타고 오는데 친구가 차창 밖으로 내 가방을 던졌어. 내려서 가방을 주워왔는데 사과도 안 하고 웃고만 있어서 한 대 때렸더니, 막 울면서 자기 아빠한테 일렀어. 그 애 아빠가 버스에 올라타더니 따귀를 때리는 거야. 왜 때리냐고 물었더니 어른한테 말대꾸한다고 또 때렸어. 그렇게 다섯 대를 맞았어. 아빠! 내가 잘못한 거야?"

아이를 얼마나 세게 때렸는지 손자국이 나있었다. 하지만 창화는 아빠가 어떠한 상황에서도 자기 편만 드는 사람이 아니란 걸 잘 알고 있었다. 아이가 엉엉 울면서 달려오지 않고, 오히려 자신의 행동을 차분히 설명하고 자신의 행동에 관해 질문한 것은 아빠가 어떤 사람인지 알았기 때문일 것이다.

"가장 먼저 잘못한 사람은 친구야. 이유도 없이 네 가방을 창밖으로 던졌으니까. 하지만 너의 잘못도 크다. 창화야! 폭력은 어떠한 경우에도 정당화될 수 없어. 그 아저씨한테 꾸중을 들은 건 당연한 거야."

그 말을 듣고 창화는 표정이 굳어졌다. 가방을 던진 친구의 잘못만 생각했지 자신의 잘못은 생각하지 못했던 것이다. 그러나 아이에게 폭력을 행사한 일은 바로잡아야 했다. 그것도 아이에게는 살아있는 교육이었다.

"하지만 창화야! 어른이 무슨 일인지 이유도 묻지 않고 아이를 때린 건 잘못된 행동이야. 특히 아이에게 폭력을 행사한 것은 아주 잘못한 거야. 아빠가 한 가지 약속할게. 그 아저씨가 너에게 꼭 사과하도록 해줄게."

함승훈은 지인에게 법률자문을 구한 뒤 아이를 데리고 병원에 가서 상해진단서를 발급받았다. 그리고 경찰서에 고소장을 접수시켰다. 며칠 뒤에 아이를 때린 사람의 아내가 찾아와 '남편을 반드시 처벌해 달라'며 거듭 사과했다. 의외였다. 이야기를 들어보니 남편이 평소에도 아이만 너무 감싸 안아 부부간에 다툼이 많았다고 했다. 그녀는 남편 때문에 아이가 점점 버릇이 없어져 걱정하던 찰나 이런 일이 생겼다며, 이 일을 제대로 처리해서 남편과 아이의 버릇을 따끔하게 고치고 싶어 했다. 현명한 아내이자 엄마였다.

함승훈은 창화를 때린 사람에게 전화를 걸어 해결의 조건을 알렸다. 먼저 아이에게 공개적으로 사과해서 창화의 명예를 회복시켜줄 것. 다음은 위로금으로 200만 원을 준비해 고아원에 가서 기부하고 영수증을 제출하는 것이었다. 상대는 '사과는 절대로 못한다'며 거부했다. 사건은 경찰에서 검찰로 넘어갔다. 한 달 뒤 그에게서 전화가 왔다.

"저의 잘못을 반성하고 있습니다. 하지만 아이들이 있는 곳에서 공개사과는 도저히 못하겠으니 창화한테만 사과하겠습니다."

그는 집으로 찾아와 진심 어린 사과를 하며 창화에게 화해의 손을 내밀었다. 창화는 "아니에요. 괜찮아요, 아저씨"라며 사과를 받아들였다. 그는 약속대로 고아원에 200만 원을 기부한 영수증도 함께 내밀었다. 창화는 무슨 일이 있어도 감정에 치우치지 않고 합리적으로 일을 처리해 자신이 원하던 것을 얻는 방법을 아빠에게서 배웠다.

유럽, 미국, 한국의 의사면허를 모두 취득하다

함창훈은 아이들이 어릴 때부터 세상 밖으로 나가 큰 경험을 하길 바랐다. 이제 중학교 진학을 앞두고 있는 창화를 불렀다.

"창화야! 너 아빠처럼 독일에서 학교 다닐 생각이 있니?"

"네, 아빠. 좋아요."

창화는 의외로 쉽게 대답했다.

"동생도 데려가야 하는데 괜찮겠니?"

"그럼요. 창수는 어릴 때부터 제가 돌봤잖아요."

그렇게 창화가 6학년, 창수가 4학년일 때 독일로 유학을 떠났다. 할아버지와 할머니는 절대 안 된다며 말렸다. 어린아이를 먼 이국땅으로 보내는 아버지의 마음도 아렸다. 하지만 아이들의 장래를 위해서 눈을 딱 감았다.

아빠는 아이들이 눈에 밟혀 수시로 편지를 썼다. 아빠의 편지에 아이들은 힘을 얻었다. 일 년이 지나자 독일어가 자연스러워지면서 완전히 적응했다.

아이들이 고등학교 진학을 앞두었을 무렵, 한국에서 IMF가 터졌다. 환율이 급격하게 올라 더 이상 학비를 감당하기 어려워졌다. 아빠는 아이들에게 집안 사정을 그대로 말하고 여러 곳을 수소문한 끝에 커리큘럼이 괜찮고 학비가 저렴한 태국의 덜위치 영국학교로 전학시켰다. 독일학교에서는 공대 진학만 생각하고 있었지만, 덜위치에서 다양한 국가의 친구들을 만나면서 아이들은 좀 더 넓은 시야를 갖게 되었다.

창화는 여러 대학교를 찾다가 헝가리 국립 데브레첸 의대를 선택했다. 유럽에서도 인정하는 명문 의대로 졸업과 동시에 유럽 의사면허를 취득할 수 있었다. 입학은 쉽지만 졸업이 어려운 점도 매력이었다. 무엇보다 영어로 수업을 해서 향후 미국 의사면허를 취득하기가 쉬웠다. 창화는 세계 무대에서 활동하는 국제의사가 되기를 원했다. 이후 창화는 데브레첸 의대를 졸업하고 유럽 의사면허, 미국 의사면허, 한국 의사면허를 차례로 취득해 꿈을 이루었다.

아이와 함께 인생의 큰 그림을 그리다

둘째 창수는 일찌감치 국제의사로 진로를 잡은 형과는 달랐다. 학교 성적은 좋았지만 형처럼 평생 공부만 하기는 싫었다. 함창훈은 자기가 나서야 할 타이밍이라고 생각했다. 아들의 성향과 학교 성적 등 여러 가지를 고려했을 때 형처럼 데브레첸 의대로 진학하는 게 좋을 것 같았다. 이후 아들의 나이대 별로 세밀하게 계획을 세웠다. 자기 길을 못 찾고 있던 창수에게 아빠는 구체적인 진로를 제시해 주었다. 의대에 진학해 28살까지 10년 동안의 구체적인 삶을 손에 잡히는 것처럼 그려주었던 것이다. 국제의사에 대한 동기부여는 물론 의대의 교과과정, 시험, 학교의 장점에 대해 설명했다. 군대에 입대해야 하는 최종 기한인 28살까지 미국의사 면허를 취득하는 방법도 알려주었다.

아빠의 말을 진지하게 듣던 창수는 "굿 비즈니스네요"라며 자신의 진로를 쿨하게 선택했다. 진로란 자신이 갈 길이다. 갈 길이 정해졌으니 이제 달리기만 하면 되는 일. 이후 창수는 계획대로 데브레첸 의대에 진학해 유럽 의사면허와 미국 의사면허를 동시에 취득한 국제의사가 되었다. 형제는 엄마 없이 힘들게 자랐지만 아빠가 알려준 큰길을 따라 걸어가 결국 꿈을 이루었다. 함창훈은 저서 《아빠의 기적》에서 다음과 같이 말했다.

> 나는 내가 생각하는 큰 그림을 다 펼쳐놓고 장황하게 설교하는 대신, 그 큰 그림에 도달하기 위한 징검다리들만 놓아주었다. 징검돌 하나를 내놓으면 아이가 한 걸음 건너오고, 다음 징검돌을 하나 내놓으면 또 아이는 그 돌을 밟아 건너오고, 이렇게 한 걸음씩 따라오게 하면 어느 순간 내 그림보다 더 큰 미래

를 아이들 스스로 시뮬레이션하기 시작한다.

함창훈은 자녀의 진로를 설계하며 얻은 노하우를 여러 부모들에게 공유했고, 덕분에 데브레첸 의대에 진학하는 한국 학생이 점점 많아졌다. 그는 가능성을 보았다. 한국에 데브레첸 의대 예비교육과정을 운영하는 국제학교를 설립하기로 마음을 먹었다. 데브레첸 의대와 협상한 끝에 마침내 꿈을 이룬 그는 교수직을 내려놓고 국제의사를 전문적으로 양성하는 거창국제학교의 학교장이 되었다. 지금 그곳은 한국에서 가장 많은 국제의사를 배출하는 명문 학교이다.

네 손가락 피아니스트와 희망의 증거

우갑선

집안이 발칵 뒤집혔다. 여자는 부모님께 장애인과 결혼을 하겠다고 알렸다. 신랑 될 사람은 육군장교로 군 생활을 하다가 폭발사고로 하반신이 마비된 장애인이었다. 여자는 서울보훈병원에서 간호사로 그를 치료하면서 사랑에 빠졌다. 시아버지도 “딸 키우는 부모 입장에서 나도 장애인과 결혼 안 시킨다”라며 크게 반대했다. 2년을 설득했지만 결국 친정 부모님과는 인연을 끊었다.

두 사람은 결혼 후 소소한 행복을 느끼며 살았다. 그러나 그토록 기다리던 아이가 생기지 않았다. 8년이 흐른 어느 날, 몸이 이상해서 병원을 찾았다가 임신 사실을 알게 되었다. 가슴이 내려앉았다. 임신인지도 모르고 감기약과 멀미약을 지속적으로 먹었기 때문이었다.

임신 5개월 차가 되었을 때, 산부인과에서 초음파 검사를 하는데 의사가 태아의 손가락과 발이 보이지 않는다고 말했다. 하늘이 무너져 내리는 심정이었다. 남편은 낙태를 하자고 했지만 그녀는 반대했다.

그녀는 부산에서 제왕절개 수술로 아이를 낳았다. 깨어나 보니 남편과 시댁 식구들이 보였다. 가장 축복받아야 할 순간, 그러나 모두 표정이 어두웠다. 첫마디가 "아이를 볼 생각은 하지도 말라"는 것이었다. 아이는 양손에 손가락이 두 개씩이었고, 발은 무릎관절이 없는 장애아였다. 어른들은 아이를 해외로 입양 보내겠다고 했다. 그녀는 애가 닳았다. 아이가 너무 보고 싶었다. 간호사들도 시댁 식구들한테 단단히 이야기를 들었는지 아이를 절대 보여주지 않았다.

퇴원 날, 그녀는 의사를 설득하여 일주일 만에 자신이 낳은 아이를 볼 수 있었다. 환한 웃음을 지닌 아이였다. 그녀는 아이를 포대기에 싸서 도망쳤다. 김해공항에서 서울행 비행기 표를 끊었다가 생후 1개월 미만은 탑승이 안 된다는 이유로 제지당하자 '아이한테 문제가 생기면 엄마의 책임'이라는 확인서를 쓰고 겨우겨우 탑승했다. 앞으로 헤쳐나갈 수많은 시련에 첫발을 내디딘 셈이었다.

그녀는 아이의 이름을 '희아'라고 지었다. 성모 마리아의 말씀을 듣고 사람들에게 가르침을 전하다가 어린나이에 죽은 '히야친타'에서 가져왔다. 희아는 무릎 아래 다리가 있었지만 손가락 세 마디를 합친 굵기 정도로 아주 가늘었다. 의사는 다리 절단 수술을 권유했다. 수술하지 않으면 평생을 기어 다닐 수밖에 없었다. 만 세 살이었던 희아는 대수술을 받고 그 후 일 년 동안 병원에서 지냈다. 아이는 성격이 밝았다. 입원실에는 여러 이유로 수술을 한 아이들이 많았다. 누군가 울면 희아가 다가가 위로해줬다. 자기보다 나이 많은 언니, 오빠가 통증을 호소하면 함께 아파하며 다독였다. 희아는 병실에서 가장 인기가 많은 아이가 되었다. 시간이 지나면서 희아의 상처도 아물었다. 퇴원 후에는 본격적으로 의족을 끼고 걷는 훈련을 했다. 제법 의족이 자연스러워질 때쯤 친구들과 공놀이를 하다가 허벅지가 부러지는 사고를 당했다. 그 일로 희아는 사고의 위험이 있는 의족을 벗었다. 그냥 무릎에 신발을 끼워 다니기로 한 것이다. 마침 희아에게 딱 맞는 신발을 발견하고 엄마는 뛸 듯이 기뻤다.

희망이 없으면 모든 것이 무너진다

엄마는 희아를 2년 늦게 유치원에 보내면서 지능검사를 받게 했다. 희아를 키우며 크고 작은 사고를 많이 겪은 터라 어지간한 일에는 놀라지도 않았지만, 이번에는 충격이 컸다. 희아가 말을 잘해서 지능에는 문제가 없을 거라고 생각했는데 착각이었던 것이다. 검사자가 내는 문제를 희아는 전혀 이해하지 못했다. 숫자 이해력은 제로에 가까웠다. 희아의 지능이 일곱 살 아이에 머무를 거라는 말은 엄마의 가슴에 대못을 박았다. 도무지 희망이 보이지 않았다. 그래도 엄마는 희망을 잃지 않으려 노력을 했다. 희망을 잃는 순간 모든 것이 무너진다는 걸 엄마는 알고 있었다.

희아에게 무엇을 해줄 수 있을까? 엄마의 목표는 두 가지였다. 희아 손가락에 힘을 기르는 것과 지능을 조금씩 계발하는 것. 고민을 거듭하다가 자연스럽게 손가락에 힘을 기를 수 있는 피아노를 떠올렸다. 피아노로 여러 음악을 경험하다 보면 지능도 조금씩 나아질 거라는 생각이 들었다. 무엇보다 노래 부르기를 좋아하는 희아한테 딱 맞았다.

모두가 포기해도 엄마만큼은

다음 날부터 피아노 학원 순례가 시작되었다. 희아의 모습을 본 학원 선생님들은 하나같이 고개를 절레절레 흔들었다. 모두가 그 손으로 피아노를 치는 건 무모한 일이라고 말했다. 서울을 벗어나 지방도시까지 쫓아다녔지만 희아를 받아주는 곳은 없었다. 반년이 흘렀지만 엄마는 포기하지 않았다. 어느 날 그녀가 일하는 산부인과 병원에 지인의 문병 차 온 피아노 선생님을 우연히 만났다. 이때다 싶어 조심스럽게 말을 꺼냈다. "세상에 노력하면 안 되는 게 어디 있겠어요?"라며 그녀는 희아를 받아주었다. 희아는 그 소식을 듣고 만나는 사람마다 피아노 학원에 간다며 자랑하고 다녔다. 피아노 학원에 간 첫날, 아이들은 희아를 놀렸다.

"재 좀 봐! 다리가 없어."

"손가락도 두 개밖에 없잖아."

희아는 그런 아이들을 보고 웃어 주었다. 어릴 때부터 경험한 일상이었다. 희아는 차츰 피아노를 배워나갔다. 음정을 익히고 두 손가락으로 건반을 치기 시작했다. 그러나 곧 한계가 왔다. 양손 치기에서 진도가 나가지 않았다. 석 달 만에 선생님은 희아를 포기했다.

"더 이상 못 가르치겠습니다. 아무리 가르쳐도 안돼요. 어머님도 그만 포기하세요."

선생님은 희아를 포기했지만 엄마는 희아를 포기할 수 없었다. 희아를 가르칠 사람이 없다면 직접 배워서라도 가르치리라 다짐했다. 한 번도 피아노를 쳐본 적이 없었지만 딸을 위해서라면 무슨 일이든 할 수 있을 것 같았다. 그때부터 엄마의 피아노 독학이 시작되었다. 악보를 읽는 데 한참이 걸렸지만 조금씩 진전이 있었다.

그러면서 엄마는 몇 가지 사실을 알게 되었다. 희아는 계산능력이 부족해 음표의 길이를 이해하지 못했다. 방법은 하나, 악보를 통째로 외우는 수밖에 없었다. 희아는 치고 또 쳤다. 건반을 잘못 짚으면 가차 없이 회초리를 들었다. 희아를 보면 마음이 약해졌지만 여기서 멈출 수는 없었다. 엄마의 열성이 희아에게는 큰 부담이었다. 희아는 "피아노 다시는 안 칠 거야!"라며 소리를 질렀다. 자신의 운명을 알았던 걸까? 잠시 후에 아이는 다시 피아노에 앉아서 울면서 '나비야, 나비야'를 양손으로 치기 시작했다. 반년 만에 이룬 쾌거였다.

네 손가락 피아니스트의 탄생

엄마는 희아를 데리고 피아노 학원을 다시 찾았다. 희아는 양손으로 '나비야, 나비야'를 완벽하게 쳤다. 선생님은 입을 다물지 못했다. 엄마는 학원 벽에 붙어있는 '전국 피아노 경연대회' 포스터를 발견하고 선생님에게 도전해보고 싶다고 말했다. '은파'를 대회곡으로 선정하고 다음 날부터 피나는 연습을 시작하였다. 한창 연습을 하던 어느 날, 선생님이 "희아에게 은파는 도저히 무리인 것 같아요"라며 두 손을 들어버렸다.

이번에도 엄마는 포기하지 않았다. 어려운 형편에도 중고피아노를 한 대 사서 집에서 직접 가르쳤다. 아침에는 희아와 함께 병원에 출근해서 키보드로 연습하고, 퇴근하면 집에서 피아노로 연습했다. 잠자는 시간을 빼고는 모든 시간을 피아노에 쏟았다. 그것은 단순한 피아노 연습이 아니었다. 사투였다. 엄마는 희아에게 '너도 할 수 있다'는 희망을 주고 싶었다.

마침내 대회 날이 왔다. 앙증맞은 드레스를 차려입은 희아가 차분히 피아노 의자에 앉았다. 엄마는 눈을 질끈 감았고 양손에는 땀이 흥건했다. 희아의 연주가 끝나자 큰 박수소리가 터져 나왔다. 그날 희아는 유치부 최우수상을 받았다. 희아가 세상 밖으로 힘차게 걸어 나온 첫날이었다.

세계인들에게 감동을 주는 피아니스트

피, 땀, 눈물로 준비한 피아노 대회는 희아에게 새로운 인생을 선물했다. 이후 희아는 여러 피아노 대회에서 입상하며 '네 손가락의 피아니스트'로 국내는 물론 국외까지 이름이 알려졌다. 한국에서 독주회를 하고, 미국 등 여러 나라에서 희아의 초청공연이 열렸다. 또한 세계적 피아니스트 리처드 클레이더만, 성악가 조수미, 영국 테임즈 필하모니 오케스트라 등과 협연하며 명실공히 세계적인 피아니스트가 되었다. 사람들이 희아의 공연을 찾는 이유가 뭘까? 희아의 공연에는 다른 곳에서는 볼 수 없는 인간승리의 감동이 있다. 감동은 여기서 그치지 않는다. 그녀는 공연 수익의 대부분을 어려운 사람들에게 기부한다.

모두가 희아를 포기할 때, 엄마는 딸을 포기하지 않았다. 그녀는 저서 《신이 준 손가락》에서 다음과 같이 말했다.

> 사람은 처음부터 능력을 가지고 태어나는 것이 아닙니다. 아이들의 내면에 잠들어 있는 능력을 일깨워줄 수 있는 사람은 부모뿐입니다. 여러분 아이의 있는 그대로의 모습을 사랑해주세요.

요즘 희아는 세계 곳곳에 초청되어 공연을 열고 있다. 피아노를 칠 때가 가장 행복하다는 그녀가 공연에서 빼먹지 않고 하는 말이 있다.

"손가락이 네 개밖에 없다고 슬퍼하기보다는 손가락이 있는 것에 감사해요. 여러분도 자신이 가진 것을 최대한 살려서 기쁨 넘치는 행복한 삶을 살았으면 좋겠어요."

어둠 속에서도 결코 희망을 잃지 않고, 마침내 아이를 가장 빛나는 존재로 만든 것은 엄마였다. 그것은 부모만이 일으킬 수 있는 숭고한 기적이며, 부모이기에 할 수 있는 교육의 힘이었다.

일등엄마,
눈물의 엄마반성문을 쓰다

이유남

이유남은 '엄마 반성문'을 꾹꾹 눌러썼다. 충격이었다. 서울의 고등학교에서 전교 1등을 하던 고3 아들이 대입을 코앞에 두고 "왜 학교에 다녀야 하는지 모르겠어요!"라며 자퇴를 선언했다. 그렇게 말하는 아들의 눈을 보았더니 장난이 아니었다. 그렇게 아들은 인생에 있어서 가장 중요한 시기에 스스로 학교를 그만두었다. 두 달 뒤 고2 딸이 "잘 나가는 오빠도 했는데 저도 자퇴할래요"라며 엄마를 벼랑 끝으로 몰았다. 딸은 서울 강남의 명문 여고에 다니며 좋은 성적을 거두고 있었다. 이번에는 절대 안 된다며 어르고 달래고 진저리도 쳤지만 딸은 무심했다. 불안한 마음에 함께 등교해서 학교에 데려다주면 딸은 뒷문으로 빠져나왔다. 결국 딸은 아빠의 도장을 훔쳐서 자퇴서에 '꽝' 스스로 도장을 찍었다.

아들과 딸은 엄마의 자랑이었다. 둘 다 어려서부터 엄마의 말을 잘 따랐고 공부까지 잘해서 영재 소리를 들었다. 그대로 쭉 갔으면 명문대 입학은 예정

되어 있었다. 그러나 공든 탑은 한순간에 무너졌다. 엄마는 공든 탑이라고 생각했지만, 아이들에게는 엄마의 강요로 쌓아 올린 모래성일 뿐이었다.

엄마는 현직 초등학교 교장 선생님이었다. 학부모와 교사들 사이에서도 아이들을 잘 키우고 잘 가르치기로 유명했다. '교사를 가르치는 교사'로 교사 연수에서 단골로 강의하는 인기강사였다. 심지어 《우리 아이를 위한 학교생활 성공전략 55》라는 책까지 펴냈었다. 그녀의 충격은 말할 수 없이 컸다. 인생을 통째로 부정당하는 느낌이었다. 매일 밤 내일 아침에 깨어나지 않게 해달라고 기도하기도 했다. 이후 세 번이나 응급실에 실려 가고, 세 번의 교통사고를 당해 두 번이나 대수술을 받았다. 아이들은 그런 엄마를 보며 '쇼하고 있네'라며 거들떠보지도 않았다. 대체 그동안 무슨 일이 있었던 걸까?

엄마의 작은 아바타가 된 아이들

봄 방학만 되면 아이들은 괴로웠다. 학년 초에 있는 임원선거를 준비하라는 엄마의 특명이 떨어졌기 때문이다. 학급임원 출마 선언문을 써서 엄마에게 보여주면 엄마는 쫙쫙 빨간 줄을 그었고, 여러 차례 수정을 거쳤다. 그다음에는 달달 외워야 했다. 안 되면 될 때까지! 아이들에게 봄이란 새로움이 아니라 반복되는 우울함이었다. 엄마가 시키는 대로 아이들은 학급반장을 놓치지 않았다.

아이들이 초등학교 5학년과 6학년이 되던 시기, 중요한 선거가 다가왔다. 전교회장 선거였다. 이번에는 봄 방학이 아니라 겨울방학 때부터 준비했다.

엄마는 연설문을 맡고, 아빠는 포스터를 맡았다. 그림 못 그리는 아빠는 결국 인쇄소에 포스터를 맡겼다. 아이들이 다니던 초등학교는 전교생만 3천 명으로 서울에서도 명문으로 꼽히던 곳이었다. 그만큼 전교회장 선거는 대선을 방불케 했다. 그 치열한 선거 결과, 엄마는 아이를 전교회장에 당선시켰다. 꿈은 이루어진다고 했던가! 엄마는 마침내 '초등학교 내내 임원 엄마'라는 꿈을 이뤘다. 엄마에게는 일종의 훈장이었다. 엄마는 학부모들 사이에서 선거의 여왕으로 떠올랐다. 다음 선거에서 전교회장, 학급반장을 시키려는 부모들의 컨설팅 요청이 쇄도했다. 아이들은 선거의 여왕 때문에 더 힘들어졌다.

엄마는 항상 칼퇴근을 했다. 이유는 딱 한 가지! 아이들이 공부하고 있는지 확인하고 공부습관을 잡기 위해서였다. 하지만 엄마는 정작 공부습관이 아니라, 매일 아이들을 잡고 있었다. 집에 들어오자마자 엄마는 외쳤다.

"알림장 가져와! 숙제했어? 엄마 퇴근하기 전까지 끝내 놓으라고 했지! 오늘 시험 본 건 왜 안 꺼내놔! 시험 본 날은 식탁에 올려놓으라고 했잖아! 이건 왜 틀렸어? 그러니까 문제를 똑바로 읽으라고 몇 번 말했니? 어제 학원에 늦었더라. 학원비가 얼만 줄 아니?"

엄마는 그 학교의 선생님이었다. 아이들의 일거수일투족을 다 꿰차고 있었다. 독 안에 든 쥐. 아이들은 딱 그 짝이었다. 가훈은 SKSK! 다시 말해, '시키면 시키는 대로'였다. 군대 훈련소 조교보다 더한 엄마였다. 어찌 됐던 아이들은 고등학생이 되어서도 전교 1등을 놓치지 않았다.

결국 모든 일은 임계점에 다다르게 된다

찬란한 봄날! 엄마는 상상만 해도 설레었다. 몇 달만 있으면 아들이 다니는 고등학교에 떡하니 'S대학교 합격!' 플래카드가 걸릴 것이다. 아들은 전교 1등이었다. 기분 좋은 퇴근길에 아들이 엄마를 불렀다. 그리고 '자퇴'를 통보했다. 엄마는 넋이 나갔다. 그날부터 아들은 온갖 핑계를 대고 학교에 가지 않았다. 엄마와 아들은 필사적으로 싸웠다. 아들은 말끝마다 18을 붙였다. 아들의 입에서 처음 듣는 말이었다. 결국 그해 8월 31일에 자퇴서를 제출했다.

아들이 자퇴하자 딸이 엄마를 불렀다. 엄마는 듣지 않겠다며 귀를 막았지만 좋지 않은 예감은 틀리지 않는 법! 딸의 자퇴 통보 이후 엄마는 딸과도 필사적으로 싸웠다. 딸은 자해 소동까지 벌이고서 끝내 자퇴를 했다. 아들과 딸은 자퇴 후 일 년 이상을 게임과 미디어에 빠져 살았다. 방 안에 커튼을 치고 모든 햇빛을 차단했다. 엄마는 "왜 이러고 살아!"라며 절규했지만 아들은 "바로 당신! 당신 때문이야!"라며 울부짖었다.

아들과 딸은 똑같았다. "왜 학교에 다녀야 하는지, 왜 살아야 되는지 모르겠다"는 거였다. 엄마는 살면서 한 번도 "네가 하고 싶은 건 뭐니? 어떤 걸 좋아하니?"라고 물어본 적이 없었다. 아이들에게는 꿈과 희망이 없었다. 하루하루 기계처럼 반복적으로 학교 가고, 학원에 다녀와서 새벽까지 기계처럼 문제집만 풀었다. 그런 일상 속에서 아이들의 마음속에는 분노가 차곡차곡 쌓였다. 초등학생 때부터 조금씩 쌓인 분노는 중학교와 고등학교를 거치며 더욱 커졌고, 더 이상 숨길 수 없을 지경에 이르자 결국 폭발하고 말았다.

삶에서 가장 중요한 것, 희망을 가르쳐라

"나도 자퇴하고 싶어. 내가 왜 공부를 해야 하는지 모르겠어. 꿈이 없는데, 목표가 없는데 어떻게 공부를 하냐고? 내가 왜 영어를 하고 수학문제를 풀어야 하는지 이유를 도저히 모르겠다고! 꿈이 없으니 공부가 안 된다고!"

딸이 학교를 관두기 얼마 전에 엄마에게 절규하듯 했던 말이다. 목적 없고, 희망 없는 삶은 마음의 병을 키운다.

빅터 프랭클은 오스트리아의 정신과 의사였다. 어느 날 그는 유대인이라는 이유만으로 독일의 아우슈비츠 수용소에 잡혀 들어갔다. 그곳에서 죽음은 곧 일상이었다. 훗날 발견된 독일군 문서에 따르면 수용소에 들어갈 당시 남성들의 평균 몸무게는 70kg, 나올 때는 35kg이었다. 혹독하고 가혹한 수용소 생활에 수많은 사람이 자살을 택했다. 수용소에서 3년을 지내며 빅터 프랭클은 자살하는 사람들을 유심히 관찰한 끝에 공통점을 발견했다.

"삶의 희망이 없는 사람들은 모두 자살을 택했다. 그곳에서 살아남는 유일한 방법은 삶의 희망을 갖는 것이었다."

수용소를 나가야만 하는 이유가 있었던 사람들, 즉 돌봐야 할 자녀가 있다거나 고향에 부모님이 살아 있다거나 반드시 끝내야 할 연구가 있는 등 구체적인 희망이 있는 사람들은 끝까지 살아남았다. 삶의 희망이 없는 사람은 면역력이 약하다 보니 사소한 질병에 걸려도 빨리 사망했다. 그러나 삶의 희망이 있는 사람은 똑같은 질병에 걸려도 금방 회복했다.

이런 사실을 깨달은 빅터 프랭클은 수용소에서 해방된 후 정신질환을 앓고 있는 사람들에게 삶의 희망을 일깨워주는 '로고테라피' 치료법을 개발했다. 그는 자살충동을 느끼는 사람, 우울증을 앓고 있는 사람들을 상담하고 삶의 희망을 일깨워 그들이 새로운 삶을 살도록 도왔다. 오늘날 빅터 프랭클은 세상을 떠나고 없지만, 그는 세계 4대 심리학자로 인정받고 있다.

한편, 6남매를 모두 하버드대와 예일대에 진학시킨 전혜성 박사는 손꼽히는 최고의 부모 중 한 명이다. 둘째 아들 고홍주는 미국 국무부 차관보, 넷째 아들 고경주는 보건부 차관보에 올랐다. 미국 교육부에서는 전혜성 박사를 '최고의 엄마'로 선정했다. 6남매를 모두 훌륭하게 키워낸 비결을 묻자 그녀는 "아이들이 어릴 때부터 삶의 목적을 아는 아이로 키웠다"라고 대답했다. 그랬더니 스스로 자기 길을 찾아가더라는 것이다. 이는 니체의 말과 일치한다.

"왜 살아야 하는지를 아는 사람은 그 어떤 상황도 견뎌낼 수 있다."

"왜 살아야 하는지를 아는 사람은 어떻게 살아야 하는지 길을 찾는다."

만약 엄마가 아들과 딸의 자퇴를 막았더라면, 그리고 두 아이가 명문 대학에 진학했더라면 어땠을까? 설령 그 시기를 잘 넘겼다 해도, 언젠가는 다시 삶을 포기하고 싶은 위기를 겪었을 것이다. 아이들에게는 '왜 살아야 하는지, 왜 학교에 가야 하는지'에 대한 삶의 목적이 없었다.

초등학교에 입학하고부터 자기 주도의 삶이 아니라 엄마 주도의 삶을 살았다. 엄마는 아이가 스스로 삶의 목적을 찾도록 도와주는 것이 아니라, 아예 목적을 만들어주고 그에 따를 것을 명령했다. 아이들은 엄마가 가라는 학원에 가고, 풀라는 문제집을 풀었다. 자기 주도가 아닌 삶, 자기 주도가 아닌 공부는 지속성이 없다. 그러나 자기 주도의 삶, 자기 주도의 공부는 스스로 열정 에너지를 불태우며 끝까지 간다.

부모 특강을 가면 "아이들에게 가장 중요한 것이 뭔가요?"라는 질문을 자주 받는다. 나는 고민하지 않고 단숨에 말한다.

"아이가 삶의 희망을 가지는 것입니다. 그리고 이를 위해 부모가 지속적으로 질문하고 이끌어주는 것입니다!"

절망 앞에서 엄마가 찾은 돌파구

아이들은 학교를 관둔 지 일 년이 훌쩍 넘었지만 변화가 없었다. 점점 게임 중독에 빠져 폐인이 되어갔다. 딸은 먹고, 게임하고, 자고의 연속이었다. 그토록 예쁘던 딸이 몸무게 80kg을 가뿐히 넘겨 완전히 다른 사람이 되었다. 엎친데 덮친 격으로 대인기피증까지 생겨 거의 밖으로 나가지 않았다. 엄마도 변화가 없기는 마찬가지. 여전히 아이들을 보면 "대학에는 안 갈 거냐?"며 윽박질렀다. 그러면 또 엄마와 아이들은 소리 높여 싸웠다. 서로에게 상처 주는 일이 반복되고 있었다.

엄마는 돌파구를 찾다가 코칭을 알게 되었다. 코칭의 핵심은 '인정, 지지, 존중, 감사, 격려'이다. 사람의 잠재능력을 이끌어내는 코칭이 아이에게 도움이 될 거라 믿고 코칭을 배우기 시작했다. 괴테는 "상대방을 현재의 모습으로 대하면 현재에 머무르고, 잠재능력대로 대하면 잠재능력만큼 성장한다"라고 말했다. 엄마는 그 말이 마음에 와 닿았다. 고교를 중퇴하고 집에만 있는 아이들을 지금처럼 대한다면……. 앞이 캄캄했다.

엄마는 어릴 때 아이들이 말했던 꿈들을 떠올렸다. 아들은 교수가 되고 싶다고 했고, 딸은 사업가가 되고 싶다고 했었다. 엄마는 용기를 냈다. 쑥스럽지만 아들에게 교수님이라고 부르고 딸은 회장님으로 부르기 시작했다. 아이들은 엄마의 변화를 눈치챘는지 의외로 거부감 없이 받아들였다. 아이들의 말을 듣고 존중해주었더니 변화가 조금씩 보였다. 미래에 대한 아무런 계획도 없던 딸이 스스로 계획을 종이에 써서 자기 방에 하나둘 붙이기 시작했다. 다이어트를 실천하던 딸이 어느 날 엄마에게 하소연했다.

"더 이상 살이 안 빠져요, 엄마!"

"그럼, 지금까지 쓴 방법 말고 다른 방법을 써 볼까? 어떤 방법이 있을까?"

"걷기를 해볼게요. 대신 엄마랑 같이 걸어요."

엄마와 딸은 저녁에 두 시간씩 함께 걸으며 대화를 나눴다. 딸은 3개월 만에 원래 몸무게를 되찾으면서 다시 세상 밖으로 나오려고 고개를 내밀기 시작했다. 엄마는 이제 모든 것을 내려놓았다. 대학에 대한 욕심도 접었다.

"딸! 해보고 싶은 거 없니? 공부 안 해도 되고 대학 안 가도 돼. 뭐든지 해보고 싶은 거 있으면 엄마가 도와줄게."

딸은 조심스럽게 제과·제빵을 배우고 싶다고 말했다. 그 길로 노량진 학원을 다니기 시작했고 얼마 후에 자격증을 따왔다. 내친김에 딸은 검정고시를 보더니 대학교의 제과·제빵학과에 들어갔다. 그렇게 신나게 학교에 가더니 두 달 만에 못 하겠다고 그만뒀다. 엄마는 속이 터졌지만 아이의 의견을 존중해줬다. 한동안 딸은 다시 집 밖으로 나가지 않았다. 그래도 전과는 달랐다. 게임을 하는 것이 아니라, 책을 보면서 여러 고민을 하는 것 같았다. 그러더니 방에 '중앙대 심리학과'라고 써 붙이더니 도서관에서 3개월 동안 무섭게 공부를 했다. 그러나 결과는 불합격. 대신 수도권 인근 대학교의 사회복지학과에 입학했지만 또 두 달을 못 넘기고 자퇴를 해버렸다. 엄마의 표현을 빌리면 그때는 '딸의 머리털을 다 뽑고 싶을 정도로 화가 났지만 참았다'고 한다. 부들부들 떨리는 마음을 진정하고 던진 한마디는 "네가 가슴 뛰는 일을 해봐"였다.

스스로 가슴 뛰는 일을 하고 있는 아이들

딸은 엄마에게 제주도 여행을 제안했다. 바닷가 백사장에 딸은 '미국 가고 싶어'라고 적었다. 그즈음 딸은 책에서 읽었다며 자기가 이루고 싶은 일을 하루 15번씩 적고 있었는데, 미국에 있는 대학교 심리학과에 가고 싶다는 내용이었다. 엄마는 기가 찼다. 아빠의 사업이 부도나서 학교에 사채업자까지 찾아오던 힘겨운 시절이었다. 그러나 운이 좋았다. 엄마가 코칭 강사로 이름을 날리기 시작하면서 미국에서 강의 요청이 온 것이다. 엄마는 결단을 내렸다. 대출을 받아 딸을 데리고 미국행 비행기에 몸을 실었다.

그리고 딸은 귀국한 지 6개월 만에 혼자 준비해서 미국 대학에 입학했다. 이후에도 물론 시련은 있었다. 미국으로 떠난 딸에게서 3일 만에 '나 너무 힘들어. 다시 한국으로 돌아갈 거야"라는 문자가 왔던 것이다. 엄마는 끓어오르는 화를 누르며 "괜찮아. 돌아오고 싶으면 언제든지 돌아와"라며 답장을 보냈다. 그러자 딸이 "비행기 값이 얼만데, 다시 해볼게요"라고 말했다.

딸은 무슨 일이든지 '네가 하고 싶은 걸 선택하라'는 엄마의 지지에 책임감을 가지고 도전을 하기 시작했고 4년 과정을 3년 만에 조기 졸업을 하는 쾌거를 이뤘다. 지금 딸은 한국에서 청소년 전문기관에서 일하며 대학원 진학을 준비하고 있다. 아들은 글을 쓰고 싶다며 대학의 문예창작과를 나와서 지금은 대학원에서 철학을 전공하고 있다. 아들은 말한다.

"저는 지금 가슴 뛰는 일을 하고 있어요."

PART 06

밥상머리교육은 아이를 어떻게 바꾸는가

밥상머리교육에 따라 아이의 미래는 완전히 달라질 수 있다. 부모와 함께 소통하고, 부모의 경험과 지혜를 나누는 밥상머리교육은 아이의 내면을 크게 성장시키는 생생한 인문학이다.
밥상머리교육은 내성적인 소년을 성군으로, 불우한 소년을 담대한 청년으로 키워내며, 긴 시간을 걸쳐 가문의 정체성과 가업을 지켜내는 근원이 되기도 한다. 또한 다가오는 인공지능 시대에 우리 아이들이 갖춰야 할 가장 중요한 능력으로 꼽히는 '인성'을 키워줄 가장 좋은 방법이다.

조선의 밥상머리교육,
성군을 만들다

세종대왕

세종은 세계의 역사를 통틀어 가장 뛰어난 성군으로 칭송받는다. 당시 백성의 어버이는 임금이었다. 세종은 글을 모르는 백성을 위하여 한글을 만들어 반포하였다. 오늘날 자녀를 위해 한글을 가르치는 부모의 마음과 같다. 기나긴 전 세계의 역사 속에서 백성을 위해 글자를 직접 발명한 임금은 오직 세종밖에 없다. 유네스코는 그런 세종을 기려 세계 곳곳에서 시민들의 글자 교육에 기여한 사람들에게 주는 상 이름을 '세종대왕상'으로 정했다.

세종은 백성들의 교육뿐 아니라 앞으로 나라를 이끌어갈 세자를 위해 매일 밥상머리교육을 직접 했다. 예나 지금이나 나라를 경영하는 사람은 행사도 많고 결재할 서류도 많아 바쁘다. 시간을 분 단위로 쪼개어 쓴다. 그럼에도 세종은 하루 세 번씩 세자와 밥상을 마주했다. 세자의 교육에 국가의 미래가 달렸기 때문이다. 세종은 알았다. 밥상머리교육이 교육 중에 가장 효과가 뛰어나고 영향이 크다는 것을. 우리가 흔히 떠올리는 조선시대의 식사 풍경은 예절을 따지며 조용히 먹는 모습일 테지만 실제는 달랐다. 조선시대의 왕족들과 양반들은 인문학을 배웠던 사람들이다. 국가 교육기관이었던 성균관과 동네의 서당에서는 명심보감, 소학 등 인문학을 배웠다. 인문학은 상대방과 서로 대화하고 토론하며 진리를 탐구하는 것이 기본이다. 훈장은 지금의 학교 선생님과는 달리 강의를 하며 가르친 것이 아니라 질문을 통해 스스로 깨우치도록 했다. 자연스럽게 '왜?'라는 질문이 끊임없이 오고 갔다. 이는 밥상에서도 마찬가지였다.

최고의 인문학 교실, 밥상머리교육

임진왜란 때 영의정으로 나라를 위기에서 구한 류성룡도 밥상에서 자녀들과 열띤 토론을 하며 밥상머리교육을 했다. 안타깝게도 그런 밥상머리교육 문화가 일제 강점기에 완전히 변질되었다. 지금까지도 밥상머리교육이라고 하면 예절교육만 떠올린다.

세종이 신하들과 아침 회의를 하면서 가장 먼저 했던 말이 "경은 어떻게 생각하시오?" "경은 왜 그렇게 생각하시오?"라는 질문이었다. 소크라테스의 변증법 역시 질문식 대화법이다. 세종이 진리를 탐구하는 방법과 소크라테스가 진리를 탐구하는 방법은 같았다. 진리를 탐구하고 정답을 찾는 데 가장 효과적인 방법이 질문하고 토론하는 것이다. 세종은 하루 세 번의 밥상을 세자를 교육하는 수업의 장으로 활용했다.

1438년 11월 23일 경연조선 시대에 임금이 학문이나 국정을 신하들과 공부하고 토론하던 자리 때였다. 세종은 태종과 양녕대군의 사례를 말하면서 부모와 자녀 사이를 친근하게 하는 가장 좋은 방법이 밥상머리교육이라며 신하들에게 이렇게 말했다.

> 옛사람이 말하기를, '아버지와 아들 사이에는 마땅히 날마다 서로 친근하여야 한다' 하였다. 나는 날마다 세자와 더불어 세 차례씩 같이 식사하는데, 식사를 마친 뒤에는 (세자가 동생들에게) 대군 등에게 책상 앞에서 교육하게 하고, 나도 또한 진양대군(晉陽大君, 수양대군의 예전 이름)에게 공부를 가르쳐 준다.
>
> —《조선왕조실록》 1438년 11월 23일 중에서

세종대왕은 세자와 함께 밥을 먹으며 책의 내용은 물론 나랏일을 토론하였다. 밥을 다 먹고 나면 상을 물리고 세자가 동생들에게 여러 교훈을 알려주도록 기회를 주었다. 세종은 밥상머리교육을 통해 세자에게 다양한 지식과 국가를 통치하는 지혜를 전수했다. 세자에게 동생들을 가르쳐보도록 기회를 준 것은 말하기 능력을 키우고 신하들을 대하는 예행 연습을 하도록 시킨 것이다. 실제로 세종과의 밥상머리교육을 통해 질문법을 배운 세자문종는 신하들에게 여러 질문을 효과적으로 해서 자신이 모르는 지식을 배웠다. 질문법은 신하들의 품성과 능력을 평가하는데도 중요하게 쓰였다. 세종은 자신을 이어서 나라를 이끌어갈 세자의 역량을 밥상머리교육을 통해 키웠다.

조선왕조 500년 최고의 효자는 세종의 아들

세자 문종은 하루 세 번의 밥상머리교육을 통해 인성은 물론이고 소통, 협력, 창의성, 비판적 사고력을 겸비한 성인으로 자라났다.

인류가 AI 시대로 진입하면서 로봇과 구별되는 인간만의 고유한 능력이 중요해졌다. 그중 가장 핵심이 인간만이 가지는 인성이다. 이제 인성이 곧 실력인 시대가 되었다. 예전에도 마찬가지였다. 인성은 국가를 통치하는 임금에게 필수적인 역량이었다. 인성이 좋으면 신하들이 진심으로 따르고, 목숨까지 내놓는 충신이 많이 생긴다. 세종은 그걸 알았고 세자의 인성 역량을 지속적으로 키웠다. 그 결과 세자는 인성이 뛰어난 사람이 되었고, 여러 신하들이 진심으로 존경을 표했다. 신하들을 대하는 세종과 세자의 기품 있는 인성은 여러 신하들을 감동시켰고, 덕분에 세자는 큰 어려움 없이 국정을 이끌 수 있었다.

세종은 자신의 아버지 태종이 자녀들과 사이가 좋지 않았던 이유를 밥상머리교육의 부족으로 보았다. 아버지를 반면교사로 삼아서 세종은 밥상머리교육을 매우 중요하게 생각하고 실천했다. 그 결과 문종은 조선왕조 500년에서 최고의 효자가 되었다.

예전에는 임금이 먹는 음식에 독을 타서 죽이는 독살이 많았다. 그래서 임금이 식사를 하기 전에 기미상궁이 꼭 은수저로 독이 있는지 먼저 먹어보며 검사를 했다. 문종은 이 일을 기미상궁에게 맡기지 않았다. 자신이 직접 기미상궁의 역할을 했다. 세종이 먹는 음식을 무려 30년 동안이나 직접 맛보고 이상이 없으면 수라상을 올렸다. 이 같은 문종의 효심은 어디에서 왔는가? 세종의 밥상머리교육이 그 근원이었다.

세종의 스토리텔링 교육법

교육학개론에서는 최초의 현대식 교재를 만든 사람으로 코메니우스를 거론한다. 1638년 코메니우스는 아동을 효과적으로 교육하기 위해 그림을 그려 넣은 《세계도해》라는 책을 출간했다. 그러나 이것은 역사적 사실이 아니다. 기록에 나오는 현대식 교재의 시초는 세종대왕의 《삼강행실도》이다.

1434년에 세종은 신하 설순에게 조선과 중국의 위인, 충신, 효자, 열녀의 사례를 뽑아 스토리텔링 기반의 그림책으로 만들라고 지시를 내렸다. 세종의 지시에 책을 만드는 프로젝트팀이 구성되었다. 재미있는 이야기를 글로 쓰고 여기에다 그림을 수록하여 글을 잘 읽지 못하는 백성들이나 아이들이 그림만 보고도 이해할 수 있도록 만들었다. 어른 아이 할 것 없이 인성, 효도, 충성, 예절 등 여러 가치를 쉽게 배울 수 있었다. 책이 완성되고 당시 문장력이 좋다고 소문이 자자하던 대사성 권채가 서문을 썼다.

> 중국에서 우리나라에 이르기까지 고금의 서적에 기록되어 있는 것으로 참고하지 않은 것이 없으며, 그 속에서 효자·충신·열녀로서 특출한 사람 각 110명씩을 뽑아 그림을 앞에 놓고 행적을 뒤에 적되 찬시(讚詩)를 한 수씩 붙였다.

책에 실린 110명의 이야기는 백성들에게 빠른 속도로 퍼져나갔다. 세종은 가장 효과적인 교육방법이 스토리텔링 기반의 재미난 이야기임을 알고 있었다. 이것은 매우 과학적인 교육방법이다. 1981년 로저 월페리 스콧은 '인간의 뇌 기능은 좌뇌와 우뇌로 구분'되어 있음을 밝히고 노벨생의학상을 수상했다. 그는 인간의 좌뇌는 언어, 논리성, 글자 등을 담당하고 우뇌는 흐름, 이미지, 그림 등을 담당한다고 밝혔다. 《삼강행실도》는 스토리텔링 기반의 그림책으로 인간의 좌뇌와 우뇌를 동시에 자극한다. 이 책을 본 백성들은 이야기를 장기기억으로 뇌에 저장하고 오랫동안 자녀에게 이야기로 옮길 수 있었다. 공부방법 중에 가장 효과가 뛰어난 것이 이야기로 설명하는 방법이다.

이 방법은 세종이 직접 세자를 교육할 때도 사용되었다. 세자와 밥을 먹으면서 다양한 이야기를 많이 나눈 후, 세자가 밥을 다 먹고 나면 스토리텔링 형식으로 동생들을 교육하도록 시켰던 것이다.

이는 현대의 우리도 충분히 활용할 수 있는 교육법이다. 우리 집은 딸과 아들이 모두 십 대지만 아직까지 한 방에서 다 같이 잔다. 아이들에게는 제 방이 다 있다. 그럼에도 안방에서 같이 자는 이유는 매일 밤 잠들기 전에 내가 재미있는 이야기를 해주기 때문이다. 이야기를 지어내느라 고민스러울 때도 많지만 아이들에게 내 이야기를 들려줄 수 있어 즐겁기도 하다. 예전에 불면증이 있었는데 아이들에게 이야기를 해주면서 숙면을 취하게 되었다. 그래서 계속하고 있는지도 모르겠다. 이제 좀 더 크면 아이들은 부모 품을 떠나겠지만 꿈나라로 가기 전에 들었던 아빠의 이야기를 영원히 잊지 않을 것이다. 그리고 자신들의 자녀와 손자손녀에게도 들려줄 것이다.

내성적인 세자를 달변가로 만든 맞춤형 교육

세자는 내성적이었다. 수줍음이 많아서 처음 보는 사람에게는 낯을 많이 가렸다. 여러 신하들과 나랏일을 토론하고 조정 역할을 해야 하는 임금에게는 큰 약점이었다. 특히 세자의 동생들은 수양대군을 포함하여 하나 같이 대범한 성격을 갖추고 있었다. 큰형인 세자만 유독 내성적인 성격이었다.

세종은 아버지인 태종처럼 형제의 난을 겪지 않을까 걱정이 되었다. 그래서 내성적인 세자를 위해 맞춤식 말하기 교육을 준비했다. 세자를 가르치는 스승은 최만리 등 여러 명이 있었다. 그런데 세자는 최만리처럼 어릴 때부터 봐온 스승에게는 질문을 쉼 없이 했지만 최근에 임명된 스승들에게는 낯을 가리고 대화를 잘 나누지 않았다. 임금은 말로 통치를 한다. 수줍음을 타고 말을 논리적으로 못하는 임금은 신하들에게 신뢰를 받기 어렵다.

> 세자는 최만리와 박중림이 강의할 때는 어려운 것을 질문한다. 그러나 다른 사람이 설명하면 머뭇거리며 말하지 않는다. 낯이 설어 부끄러워하기 때문이다.
>
> — 《조선왕조실록》 1431년 10월 29일 중에서

세종은 세자의 행동을 분석해서 처방전을 내렸다. 최근에 임명된 세자의 스승들은 겸임이었다. 즉 다른 일을 하면서 겸직으로 세자의 스승 노릇을 했던 것이다. 세종은 세자의 스승들을 전부 전임으로 바꿨다. 세자가 매일 보는 친근한 사람들과 편안하게 대화를 나누도록 배려했다. 세종은 말을 잘하려면 먼저 말하는 습관을 들여서 말하기에 대한 자신감을 가져야 한다고 믿었다. 또한 세자가 스승들에게 배운 내용을 한 달에 세 번 정기적으로 발표하는 '회강'이라는 제도를 만들었다. 세자는 회강을 통해 말하기와 발표 실력이 크게 늘었다. 여러 사람 앞에서 하는 회강을 준비하며 말하기를 지속적으

로 단련한 결과였다. 이 방법은 큰 효과를 거두어서 세종 이후 세자 교육의 제도로 뿌리내렸다.

역대 미국 대통령 중에서 가장 달변가로 꼽히는 케네디는 내성적인 성격과 말 더듬는 증상으로 인해 말하기를 극도로 꺼렸다. 그를 말문을 연 것은 어머니 로즈 여사였다. 로즈 여사는 밥을 먹기 전에 신문기사를 하나 오려서 식탁 게시판에 붙여 놓았다. 아홉 자녀들은 모두 신문기사를 읽고 밥을 먹었다. 식사를 하며 신문기사에 대한 다양한 토론을 했는데 로즈 여사는 말을 안 하는 케네디에게 말할 기회를 자주 만들어 주었다. 자신감이 붙은 케네디는 형제 중에서도 가장 말을 잘하는 사람이 되었다. 이처럼 말하는 능력은 타고나지 않아도 밥상머리대화와 토론을 통해 충분히 키울 수가 있다.

내 딸 지유도 내성적이고 수줍음이 많아 말하기를 싫어했다. 처음에 나도 고민이 많았지만 로즈 여사처럼 밥상머리에서 식사를 하며 자주 말할 기회를 주었더니 말하기 실력이 부쩍 늘었다. 얼마 전에는 학교에서 '꿈 발표 대회'가 있었는데 자신감 있게 프레젠테이션 하는 모습을 보고 뿌듯함을 느꼈다.

체력이 있어야 강건한 마음을 지닌다

임금은 군대통수권자이다. 유사시에는 직접 말을 몰며 군대를 지휘해야 하는 막중한 자리다. 역사를 돌아보면 허약한 임금은 판단이 흐려서 나라를 위태롭게 한 경우가 많았다. 또한 체력이 약하니 국가의 일을 일부 신하에게 과도하게 위임해 쿠데타를 불러일으켰다. 세종은 일찍부터 이 점을 염려했다.

세종은 임금이 군대를 이끌고 산을 옮겨 다니며 야영하는 '강무', 즉 오늘날의 대규모 군사훈련에 세자를 참가시켰다. 스무 살이 넘어야 강무에 참가할 수 있었지만 세종은 18살인 세자를 참여시켜 체력과 강한 기상을 함양하도록 했다. 세종은 세자가 훈련장에서 별도의 잠자리를 갖지 못하도록 하고 병사들과 야영장에서 함께 기거하도록 명령을 내렸다. 세종은 처음 강무에 참여하는 세자를 위해 군사를 부리는 방법, 병법 등을 세심하게 알려주었다. 그다음 강무에서는 세자에게 직접 군사를 지휘할 기회를 주었다. 군대를 통솔하고 지휘하는 연습을 시킨 것이다. 이런 세종 덕분에 세자는 평소에도 체력 관리를 성실히 하였고, 독자적으로 군대를 지휘하는 능력을 갖출 수 있었다.

그뿐만이 아니었다. 세종은 자신이 죽은 이후 세자가 혼란 없이 국정을 운영하도록 대리청정임금의 권한을 대신 행사하는 것의 기간을 무려 8년 동안 가졌다. 한국의 반만 년 역사상 가장 훌륭한 임금과 아버지로 칭송받는 이유다. 비록 문종은 왕위를 물려받고 2년 만에 병으로 숨졌지만, 짧은 기간에 많은 업적을 남겼다. 일례로 문종은 신하들의 의견을 자주 듣기 위해 4품 이상의 관리들에게만 허락되던 윤대輪對, 임금을 만나 업무를 보고하던 일를 6품까지 확대했다. 문종의 성향을 잘 알려주는 대목이다.

그동안 밥상머리교육을 연구하며 국내외 사례를 수없이 수집하고 분석하였다. 그중에 최고의 아버지를 선정하라면 순간의 망설임 없이 세종을 선정하겠다. 세종만큼 철저하고, 세심하고, 따스하게 자녀를 교육한 사례는 보지 못했다. 세종이 우리의 임금이었다는 게 정말 자랑스럽다.

세상에서 가장 바빠도 저녁식탁은 꼭 지킨다

버락 오바마

2009년 1월 20일. 오바마는 미국 최초의 흑인 대통령이 되었다. 2017년 1월 20일. 오바마는 미국인들이 가장 사랑하는 대통령이란 칭송을 받으며 퇴임했다. 오바마는 8년의 재임 기간 동안 세계평화를 위해 많은 노력을 기울였고, 노벨평화상을 받았다.

타임머신을 타고 오바마가 자라온 시간들을 거슬러 가보자. 오바마의 십대 시절은 힘든 시간의 연속이었다. 그는 1961년 하와이에서 케냐 출신의 아버지와 미국인 백인 어머니 사이에서 태어났다. 미국에서 흑인으로 태어난다는 건 수많은 편견에 맞서 싸워야 한다는 뜻이다. 거기다 오바마는 아버지의 부재 속에서 자랐다. 친아버지는 하버드대에 공부를 하러 떠나면서 영영 돌아오지 않았고 결국 부모님은 이혼했다. 이후 어머니는 인도네시아인과 결혼하여 오바마는 갑자기 하와이에서 인도네시아로 이사를 갔다. 오바마는 그곳에서 심한 왕따를 당하며 학교를 다녔다. 시간이 조금 지나면서 적응할 만했지만, 어머니는 다시 이혼을 했다.

오바마의 성장기는 인종차별과 왕따, 자신의 정체성에 대한 내적갈등으로 불우했다. 오바마는 어머니를 남겨두고 혼자 하와이로 돌아왔지만 백인들이 많은 학교에 입학해 또다시 인종차별을 겪었다. 그는 학교 가는 게 두려웠다. 고등학생 때는 술과 마약에 빠졌다. 그러나 그에게는 항상 자신을 믿어주던 어머니가 있었다. 또 자신에게 힘을 주던 외할아버지, 외할머니가 있었다.

그는 한국의 전문대 격인 옥시덴탈 칼리지를 졸업하고 컬럼비아대에 편입하면서 달라지기 시작했다. 졸업 후에는 지역사회운동을 활발하게 참여했고, 더 큰 미래를 위해 하버드 로스쿨에 진학을 했다. 1991년에 하버드 로스쿨 신문Harvard Law Review 최초로 흑인 편집장이 되면서 정치에 발을 디뎠다. 1992년 변호사로 활동하며 미셸 여사를 만나 결혼하고 삶의 안정을 찾았다. 1996년에 일리노이주 상원의원에 당선되어 본격적인 정치인의 길을 걷다가 정계에 입문한 지 8년 만에 대통령이 되었다. 세상의 차별에 시달리던 보잘 것 없던 흑인소년이 어떻게 미국 대통령이 되었을까? 오바마는 자서전 《담대한 희망》에서 그 이유를 밝혔다.

> 나는 아버지가 곁에 없다는 것이 어린이에게 어떤 상처를 남기는가 알게 되었다. 자식을 나 몰라라 하는 생부의 무책임함과 의붓아버지의 서먹한 태도가 내게 생생한 교훈이 됐다. 그래서 내 자식들에게는 믿음직한 아버지가 되겠다고 결심했다. 어머니는 아버지가 없는 가운데서도 나를 지탱해주었고, 순탄치 않았던 청년기에 희망을 주었으며, 나를 언제나 옳은 길로 인도해주었다.

오바마를 지켜준 어머니

인도네시아에서 오바마의 어머니는 무척 혼란스러웠다. 새 남편을 따라 용기를 내어 낯선 땅에 왔지만 남편은 점점 다른 사람으로 변해갔다. 새아버지와 어머니의 싸움이 잦아졌다. 어머니는 오바마가 걱정이었다. 새아버지의 변화, 피부색이 다르다는 이유로 오바마를 괴롭히는 아이들, 이질적인 이슬람 문화, 열악한 교육환경 등 오바마가 헤쳐 나가야 할 장애물이 너무 많았다. 그곳에서 유일하게 오바마를 웃게 만드는 것은 어머니뿐이었다. 그녀는 교육만이 삶의 희망을 품게 하고 시련을 이겨내서 아들을 지켜줄 거라 믿었다. 그때부터 어머니의 교육이 시작되었다.

어머니는 새벽 네 시에 오바마를 깨웠다. 잠에 취한 오바마가 아침을 먹고 나면 학교 가기 전까지 영어를 비롯해 미국의 아이들이 배우는 내용을 직접 가르쳤다. 이런 교육은 일주일에 5일, 매주 어김없이 진행되었다.

오바마는 흑백 혼혈아로 자라면서 '자신은 어디에서 왔고 누구인가?'라는 정체성 문제에 끊임없이 시달렸다. 어머니는 백인이었고, 열 살 이후 함께 살게 된 외할아버지와 외할머니도 백인이었다. 그래서 어머니는 오바마가 흑인임을 저항감 없이 받아들이고 자랑스럽게 여기길 바랐다. 흑인들에게 영감을 주는 마틴 루터 킹 목사의 연설집을 선물하고 인권운동을 펼쳐 역사를 바꾼 위대한 흑인들의 이야기를 자주 들려주었다. 인류가 시작된 아프리카와 흑인만이 가지는 우수성과 강인함을 일깨워 주었다. 비록 이혼하고 그들 곁을 떠났으나 친아버지에 대한 좋은 기억을 심어주려 노력했다. 오바마가 성장기에 친아버지에 대한 동경심을 갖게 된 것은 다 어머니 때문이었다. 사춘기에 마약을 하는 등 방황하기도 했지만 그때마다 그의 정신을 일깨우고 미래로 전진시킨 것은 어머니였다.

> 어머니의 이러한 정신들이 내게 얼마나 깊은 영향을 주었는지 알 수 있다. 사실 내가 품은 큰 꿈은 아버지에게 자극받은 것인지도 모른다. 내가 알고 있는 아버지의 성공과 실패, 아버지의 사랑을 얻기 위한 내 무언의 소망, 그리고 아버지를 향한 내 분노, 슬픔, 한……. 하지만 그것들은 모두 어머니를 통해 완화되었다. 어머니는 사람들의 선량함과 우리 모두에게 주어진 삶의 최고 가치에 대한 기본적인 신념들을 가지고 있었다.
>
> — 《담대한 희망》 버락 오바마 지음 중에서

어머니가 뿌린 인성의 씨앗

인도네시아에는 가난한 사람이 많았다. 오바마가 살던 집은 그나마 형편이 나아 구걸하러 많은 사람이 찾아왔다. 그럴 때면 그의 어머니는 항상 웃는 얼굴로 무엇이든 나누려는 모습을 보이면서 약하고 가난한 사람들을 도왔다. 어린 오바마는 어머니의 그런 모습에 깊은 감명을 받았다. 사람을 따뜻하게 대하는 어머니의 태도는 오바마의 마음속에 따뜻한 인성의 씨앗을 뿌렸다. 그는 훗날 자신의 모든 장점이 어머니로부터 비롯된 것이라 밝히기도 했다.

이십 대에 오바마는 미국의 대표적인 명문대인 컬럼비아 대학을 졸업하고 난생처음 큰돈을 버는 컨설팅 회사에 취직을 했다. 그러나 '인생의 목표가 평안과 안락인가?'를 고민하다가 어머니가 늘 말하던 "관용과 평등을 지키고 혜택 받지 못한 사람들 편에 서라"를 떠올리고 약자를 위한 삶을 실천하기 위해 시카고로 떠났다. 그곳에서 민권 변호사로 활동하며 소외된 약자들을 위해 일하였다.

전적으로 그를 믿어준 할머니

오바마에게 외할머니는 특별한 존재다. 열 살 때부터 아무런 대가 없이 그를 키워준 사람이 할머니였다. 그에게 할머니란 어머니의 또 다른 이름이다. 그가 어떻게 살아야 할지 방황하고 있을 때, 마약에 찌들어 있을 때도 할머니는 말없이 오바마를 안아주었다. 2008년 대통령 선거 후보 수락 연설의 순간, 그는 인생의 가장 영광된 순간에 할머니를 떠올렸다.

"할머니는 제게 열심히 일하는 법을 가르쳐주셨습니다. 할머니는 제게 더 나은 삶을 누리게 해주시려고 새 차나 옷 구입을 자제하셨습니다. 할머니는 가진 것 모두를 제게 쏟아부으셨습니다. 비록 더 이상 여행하실 수는 없지만, 저는 오늘 밤 할머니께서 저를 보고 계시다는 것을 압니다. 오늘 밤은 그분을 위한 밤이기도 합니다."

오바마의 할머니는 그 장면을 지켜보았다. 자신의 운명을 예감했을까? 건강이 몹시도 좋지 않았지만 손자가 출마하는 대통령 선거 날 기어코 부재자 투표소에 가서 한 표를 행사했다. 그리고 오바마가 당선되기 하루 전에 세상을 떠났다.

심리학에 따르면 아이는 자신을 무조건적으로 믿어준 단 한 명의 어른만 있어도 시련을 이겨낼 회복탄력성을 가지게 된다고 한다. 오바마에게는 이러한 어른이 엄마와 할머니, 두 사람이 있었다. 그들의 전폭적인 믿음과 지지가 있었기에 오바마는 시련을 이겨낼 수 있었고, 미국은 역사상 최초의 흑인 대통령을 가지게 되었다.

세상에서 가장 바쁜 남자가 칼퇴근을 하는 이유

"어떠한 일이 있어도 남편은 가족과의 저녁식사 시간을 따로 낸다. 매일 오후 6시 반이면 사무실에서 올라와 식탁에 앉는다."

미셸 오바마의 말이다. 미국 대통령은 세상에서 가장 바쁜 사람이다. 그러나 오바마는 저녁 6시 반이면 아이들과의 저녁식사를 위해 칼퇴근을 했다. 대통령 재임 시 오바마의 이런 철학에 대해 〈워싱턴포스트〉는 "백악관의 보좌관들은 대통령이 육아에 많은 시간을 들여 워싱턴 정치권이 기대하는 대화 자리나 중요한 사항을 조율할 시간이 부족하다고 불평을 늘어놓았다"라고 보도했다. 간혹 언론이 과장되게 보도하기도 하지만, 이것은 사실이었다. 실제로 오바마는 6시 반이 되면 하던 일을 칼같이 끊고 일어섰다. 그럼에도 재임기간은 물론 퇴임 이후에도 큰 인기를 누리고, 딸이 하버드대에 입학한 걸 보면 오바마의 행동이 옳았음을 알 수 있다.

이처럼 오바마의 자녀 사랑은 남달랐다. 그는 가족과 식사를 마치고 잠자리에 들기 전에 딸들과 해리포터 등 여러 책을 함께 읽으며 독서로 하루를 마감하는 특별한 의식을 가졌다. 아늑하고 행복한 시간이었다. 덕분에 그의 딸들은 평생을 함께할 책이라는 친구를 얻었다.

미셸도 만만치 않았다. 그녀는 자신을 '엄마 대장Mom in chief'이라고 칭했다. 백악관에 입성하자마자 보좌관들에게 "영부인의 일정보다 두 딸의 학교 행사가 우선이다. 딸들을 위해 일주일에 3일 이상 일하지 않겠다"라고 미리 못 박을 정도였다.

육아를 돕기 위해 오바마의 장모도 백악관에서 함께 살았지만 저녁식사에는 오바마 부부와 두 딸만 참석했다. 저녁식사를 부모와 자녀가 편하게 대화하는 특별한 의식으로 여겼기 때문이다. 또한 오바마 부부는 딸들의 학교 행사에 빠지지 않았고 특히 학부모 회의는 꼭 참석했다. 오바마는 틈날 때마다 딸들에게 농구를 가르치는 것도 잊지 않았다.

오바마는 백악관 인턴과의 대화에서 "내 인생에서 마지막 순간에 기억날 일이 무엇이냐고 묻는다면 나의 대답은 대통령으로서 한 어떤 일이 아니다. 딸의 손을 잡고 공원을 산책하고 해 지는 장면을 감상하며 딸이 탄 그네를 밀어준 일"이라고 말했다. 캐나다 총리와의 만찬에서는 이런 말을 남겼다.

"중요한 건 우리가 권력을 위해, 명성을 위해, 재산을 위해 이 자리에 있는 게 아니라는 것입니다. 우리는 우리 아이들을, 그리고 모든 이들의 아이들을 위해 이 자리에 있습니다."

딸들아! 시련을 경험해보렴

오바마 부부는 딸들이 성장기에 백악관에서만 자라서 세상의 냉엄한 현실을 모를까 봐 걱정이 많았다. 온실 속의 화초는 비바람을 견디지 못하는 법. 부부는 딸들에게 세상의 현실을 그대로 느낄 수 있는 일, 최저임금을 주는 일을 찾아서 해보라고 권했다.

둘째 딸 사샤는 해산물을 취급하는 레스토랑에 일자리를 구했다. 아침 7시 반에 출근해 하루 종일 잡일을 하는 힘든 일이었지만 자신이 목표로 하던 기간을 다 채우고 나서야 그만뒀다. 큰딸 말리아는 힘들기로 악명 높은 드라마 제작부서의 인턴으로 일했다. 말리아는 하버드대 입학을 앞두고 있었지만 인턴 경험을 해본 뒤에 학업을 쉬면서 다양한 경험을 쌓는 '갭이어Gap year'를 선택했다. 왜 그랬을까? 하버드대에 빨리 입학하는 것보다 세상 경험을 쌓는 편이 자신의 인생에 더 큰 도움이 되리라 생각했던 것이다.

인간은 시련을 겪고 그 시간을 견뎌내면서 세상을 보는 시야를 넓혀간다. 오바마 부부는 언젠가 딸들이 마주할 시련을 견뎌내는 힘을 미리 축적해주고 싶었을 것이다. 진정으로 아이를 사랑하는 부모라면 세찬 비를 막아줄 우산이 될 게 아니라 세찬 비를 맞아도 끄떡없는 면역력을 갖도록 도와야 한다.

어린 시절, 어머니와 할머니의 밥상머리교육은 오바마를 '불우한 소년'에서 '담대한 희망을 품은 청년'으로 변화시켰다. 이제 오바마 부부는 밥상머리교육을 통해 자녀들을 전직 대통령의 딸이 아닌 독자적인 사회 구성원으로 키우고 있다. 대통령 재임 시절의 그가 아이들과의 저녁 식사를 결코 거르지 않았다는 사실은 우리에게 시사하는 점이 크다.

이제는 인성이 실력인 시대이다

게리 클라인

백악관 상황실은 전 세계에서 가장 많은 정보를 수집하는 곳이다. 오늘 지구에 무슨 일이 일어나고 있는지 알고 싶은 우주인이 있다면 백악관 상황실에 가서 브리핑을 받으면 한 번에 해결된다. 40년 동안 인간의 의사결정을 연구한 심리학자 게리 클라인Gary Klein은 백악관 상황실의 리더 중 한 명이다. 미국 대통령은 수시로 변화하는 상황에서 최선의 의사결정을 내리기 위해 그를 상황실의 리더로 임명했을 것이다. 미국다운 선택이다. 이런 점은 아직까지도 측근으로 청와대를 채우는 한국이 배워야 할 점이다.

최근에 게리 클라인은 심리학 관점에서 갈등해결을 위한 여러 방법을 책으로 썼다. 그는 갈등해결을 위해서는 타인의 입장이 되어서 생각해보는 것이 가장 좋은 방법이라고 말한다. 한 마디로 역지사지易地思之가 최고라는 것이다. 모든 갈등과 싸움은 타인보다 자신을 먼저 생각하는 이기적인 마음에서 시작된다. 게리 클라인은 앎과 행동이 일치하는 심리학자다. 딸들이 열한 살,

여덟 살 때부터 상대방의 입장에서 생각하는 능력을 재미있는 게임으로 키워주었다. 심리학에서는 이를 '조망수용'이라고 한다. 조망수용이 잘 되는 아이들은 타인의 마음을 공감하고 서로 협력하는 인성이 충만한 아이로 자란다. 그러나 말이 쉽지 실제로 자녀에게 조망수용을 교육하기는 어렵다. 그렇다면 게리 클라인에게서 그 노하우를 배워보자.

입장 바꿔 생각하기 : 스위치 게임

스위치 게임은 어떤 주제에 대해서 자신의 입장을 말하다가 한 사람이 '스위치'라고 외치면 입장을 바꿔서 상대방의 입장에서 말하는 게임이다. 게리 클라인의 가족들은 식탁에서 대화와 토론을 즐겼다. 그는 딸들과 좀 더 재미있게 대화하면서 명확한 의견을 이끌어내기 위해 일부러 극단적인 입장을 취하는 경우가 많았다. 그러면 딸들은 여러 주장을 펼치며 아빠를 궁지에 몰아넣었다. 그는 더 이상 반박할 수 없는 궁지에 다다르면 우물쭈물 거리다가 회심의 미소를 지으며 '스위치'를 외쳤다. 딸들은 신나게 말하다가 김이 빠졌지만 토론은 입장을 바꿔서 다시 재미있게 시작되었다.

토론의 주제마다 다르기는 하지만 누가 보더라도 명백하게 한 쪽의 입장이 논리적으로 맞을 때가 있다. 그럴 때면 딸들도 궁지에 몰렸지만 꼬리를 내리기는커녕 당당하게 '스위치'를 외쳤다. 특히 딸들은 가정의 평화를 지키는 데 '스위치'를 아주 효과적으로 사용했다. 엄마와 아빠가 언쟁을 벌이며 다툴 때는 가만히 지켜보다가 크게 외치곤 했기 때문이다.

"스위치!"

그러면 게리 클라인과 아내는 분이 덜 풀려서 씩씩 거리는 와중에도 입장을 바꿔 말을 이어나가다 이내 조용해졌다. 너무 화가 날 때는 그냥 입을 닫아버리기도 했지만 말이다. 스위치 게임은 가정의 불화를 평화로 바꾼다. 나 역시 스마트폰과 게임 사용 시간의 문제로 아이들과 언쟁을 벌일 때 스위치 게임이 아주 좋은 역할을 했다. 부모의 입장과 자녀의 입장을 동시에 생각하다 보면 서로 타협하는 선에서 해결책이 나왔다.

스위치 게임으로 딸들의 토론능력은 쑥쑥 커졌다. 정치와 사회문제에는 반드시 여러 이해관계자가 얽혀있다. 대법원을 상징하는 정의의 여신상의 손에는 저울이 있다. 공평함이 무너져 저울이 기울면 신뢰가 깨지고 미움과 화가 들불처럼 번진다. 그래서 공평함은 세상을 평화롭게 움직이는 중요한 원리다. 상대방을 생각하는 스위치 게임은 딸들의 토론능력은 물론이고 공감능력과 인성 향상에 큰 위력을 발휘하였다.

이쯤이면 궁금해진다. 도대체 스위치 게임은 어떻게 시작되었을까? 게리 클라인의 말에 의하면 "딸들과 논쟁을 벌이다가, 내가 계속 지게 되었고, 아쉬운 마음에 '입장 바꿔서 말해보자!'라고 외치면서 게임이 시작된 것 같다"라고 한다. 그러나 딸들의 말은 다르다. 엄마와 아빠가 자기의 입장만 말하며 목소리 높여 싸우는 걸 보고 "그럼 서로 입장을 바꿔서 말해볼래요, 스위치!"라고 말한 것이 계기라고 한다. 어떻게 탄생했든 훌륭한 발명품인 것만은 확실하다.

인공지능 시대에 중요한 가치 : 인성, 공감, 협력을 어떻게 교육할까?

게리 클라인의 둘째 딸 레베카의 이야기를 들어보면 자녀가 상대방의 입장에서 생각해보게 하는 교육이 왜 중요한지 알 수 있다. 어느 날 레베카는 흥미로운 숙제를 받았다. 두 명씩 팀을 이뤄서 낙태에 찬성하는 사람과 반대하는 사람을 인터뷰하고 보고서를 제출하는 것이었다. 레베카와 친구는 낙태에 찬성하는 쪽이었지만 반대하는 사람들과 대화하며 인터뷰를 해야 했다. 그러나 레베카의 친구는 자신과 의견이 다른 사람들과 말하는 것을 불편해했다. 결국 친구는 찬성하는 사람들을 만났고, 레베카는 반대하는 사람들을 만나 인터뷰를 진행했다.

친구는 자신이 듣고 싶어 하는 이야기를 들으며 마음이 편안해졌을 것이다. 그러나 레베카의 친구는 마음은 편안했을지 몰라도 반대의견을 들으며 공감해보는 소중한 경험은 하지 못했다. 선생님은 왜 학생들에게 이런 숙제를 냈을까? 친구는 보고서를 제출했지만 숙제는 미완성으로 남았다. 반면에 레베카는 자신과 생각이 다른 사람들과 즐거운 마음으로 인터뷰를 진행하고 숙제를 끝냈다.

이러한 차이는 어디서 발생하는가? 바로 사회성의 차이이다. 그렇다면 사회성은 어떻게 길러지는 것일까?

아리스토텔레스는 인간은 사회적 동물이라고 말했다. 감옥에서 가장 큰 징벌이 무엇인지 아는가? 독방에 가두는 것이다. 인간은 혼자서는 절대 살지 못한다.

사회성이 발달한 아이는 세상을 긍정적으로 바라보고 잘 적응하기 마련이다. 사회성은 공감에서 시작된다. 아이의 공감력은 갑자기 생겨나지 않는다. 그것은 가정에서 시작되고 완성된다. 부모의 역할이 중요하다는 말이다. 즉 부모가 상대방의 생각을 이해하고 공감하는 능력을 키워주는 것이 곧 아이의 사회성 발달로 이어진다.

인성교육은 상대방의 입장에서 생각하게 하는 교육

인공지능 시대에 진입하면서 사람만이 가질 수 있는 차별화된 가치들이 매우 중요해졌다. 그래서 요즘 인성교육이 뜨고 있다. 인성은 한 사람의 태도와 마음을 결정하는 사람만이 가지는 고유한 본성이다.

우리 집은 휴일 아침을 먹고 나서 무슨 일이 있어도 한 시간 정도 이슈 토론을 한다. 2년 전부터 나와 아내 그리고 아이들이 함께 만든 전통이다. 대부분 휴일에 배달된 신문에서 재미난 이슈를 뽑아서 토론을 한다. 신문에 나오는 거의 모든 기사는 해결되지 않은 문제를 다룬다. 우리 가족은 그 문제가 무엇인지 토론하고 문제를 해결하는 여러 아이디어를 주고받는다. 이때 나는 아이들이 어떤 의견을 제시하면 꼭 반대편의 입장에서 생각해보라고 말한다.

일례로 2018년 평창올림픽 스피드스케이팅 팀추월 경기에서 벌어진 일을 바탕으로 아이들과 토론한 적이 있다. 팀추월 경기는 말 그대로 세 명이 함께하는 팀 경기이다. 당연히 팀워크가 중요하며 팀원 중 마지막에 결승선을 통과하는 선수의 기록이 팀의 기록이 된다. 그러나 우리 팀은 그러지 않았다. 앞서가던 김보람과 박지우 선수가 힘이 빠진 노선영 선수를 혼자 두고 질주해 버렸다. 다른 나라 경기를 보니 한 선수가 힘이 빠지면 뒤로 가서 밀어주기도 하였는데 그런 모습과는 정말 대조적이어서 실망스러웠다. 그 장면을 보고 아이들과 토론을 했다.

"노선영 선수의 기분이 어땠을까?"

"창피하고 괴로웠을 것 같아."

"팀 경기인데 왜 그랬을까?"

"두 명이 한 명을 왕따 시켰어. 평소에 사이가 좋지 않았을 거야."

"그럼 김보람과 박지우 선수 입장에서 생각해보자. 그들은 왜 노선영 선수와 함께 가지 않고 빨리 달렸을까?"

"경기에 집중하느라 노선영 선수를 못 봤을 수도 있어. 그리고 좋은 기록을 내고 싶어서 빨리 달리면 노선영 선수가 더 힘을 내서 따라올 거라고 생각했을 수도 있지."

올림픽에서 이런 장면이 연출되자 여론은 들끓었다. 국민들은 국가대표 자격이 없는 김보람과 박지우 선수를 제명하라고 청와대 국민청원 게시판에 올렸다. 국민청원제도가 생긴 이래 가장 단시간에 20만 명을 돌파했다. 그러나 나는 아이들과 토론하면서 노선영 선수와 김보람·박지우 선수 양측의 입장에서 생각을 해보았다. 그랬더니 화는 가라앉고 이성적으로 그 사건을 다시 바라보게 되었다. 어쩌면 우리가 모르는 다른 사정이 있지 않을까 하고 말이다. 역지사지의 효과다.

김보람 선수는 개인경기에서 은메달을 땄지만 기뻐할 수가 없었다. 나중에는 정신적인 스트레스로 어머니와 함께 병원에 입원하기까지 했다. 이 같은 문제의 근본적인 원인과 그 해결책은 무엇일까?

세계적인 심리학자 게리 클라인의 상대방의 관점에서 생각하는 인성교육에서 그 해답을 찾아본다. 그리고 외쳐본다. "스위치!" 밥상머리대화에 스위치 게임을 더하는 것은 AI 시대의 가장 중요한 능력, 즉 역지사지할 줄 아는 정신과 인성을 키워주는 가장 좋은 방법이다.

500년 밥상머리교육으로 정체성을 지키다

심당길 가문

임진왜란이 끝난 후 종전협상이 진행되었으나 끝내 결렬되었다. 그걸 핑계로 도요토미 히데요시는 1597년 정유재란을 일으켰다. 애초에 도요토미 히데요시는 조선과 화해를 할 생각이 없었다. 그는 죽을 때까지 조선을 점령하고 싶어 했다. 당시 도요토미 히데요시의 재침략 명령서에는 '전라도를 남김없이 쓸어버리라'고 기록되어 있다. 일본군은 양민들을 학살하면서 깊숙한 남원 땅까지 밀고 들어왔다. 그곳에는 임금이 쓰는 도자기를 만들어 납품하는 최고의 도공들이 있었다. 일본은 고급 도자기를 만드는 기술이 없었기 때문에 도공들을 납치해 일본으로 끌고 갔다. 그중에 심당길과 박평의 일가가 있었다. 그들은 포로로 끌려가면서도 고향의 흙과 유약 그리고 한문과 한글 서적을 배 밑창에 숨겨 가지고 갔다.

당시 심당길과 함께 끌려간 약 80명의 조선인 도공들이 사쓰마 마을에 정착했다. 조선인 도공들이 모여 사는 사쓰마 마을의 촌장은 박평의였다. 그의 후손들은 대대손손 사쓰마 마을에 살았다. 박평의의 13대손 박무덕은 한국 이름을 버리고 일본 이름 도고 시게노리로 개명하였다. 그리고 2차 대전을 일으킨 도죠 히데키 내각의 외상외교부 장관이 되어 한국을 유린하는 데 앞장섰다. 결국 그는 전범으로 비극적인 생을 마감했다. 그의 선조 박평의는 무덤에서 통곡을 했으리라.

이 외에도 사쓰마 마을 사람들은 시간이 흐르면서 모두가 일본인으로 살아갔지만 심당길 가문은 달랐다. 오직 그의 후손들만이 500년 동안 한국인의 이름과 정체성을 지키고 가업을 이어서 세계가 인정하는 도예 명문가가 되었다. 15대손 심수관은 일본인으로는 처음으로 대한민국명예총영사로 활동하고 있다. 그 차이는 어디서 오는가?

한국인의 정체성을 지켜낸 밥상머리교육의 힘

심당길의 후손들은 일본으로 이주한 이래 줄곧 한국식 이름을 사용했다. 이름은 곧 정체성이다. 그들은 일본에서 한국인의 이름을 갖고 살면서 수많은 차별과 굴욕을 견뎌내고 이름을 지켜왔다. 심당길의 15대손 심수관은 이렇게 말한다.

"어린 시절부터 밥상머리에서 집안에 대해 자세히 들으며 자랐습니다."

일본에서 태어나고 자란 심수관은 한국을 고국으로 불렀다. 한국말은 잊어버렸지만 그들의 조국은 여전히 한국이었다. 그 피 끓는 정체성은 어디서 오는가? 가문은 선대의 이름을 물려주는 습명의 전통이 있었다. 1대와 5대손이 이름이 같고, 2대손과 7대손이 이름이 같다. 12대손 심수관은 1873년 오스트리아 만국박람회에 2m가 넘는 대화병을 출품해 유럽에서 화제가 되면서 일약 세계적인 도자기 명인의 반열에 올랐다. 이 일이 있은 후부터 심수관의 이름은 15대손까지 습명되고 있다. 그들은 이름에 한국인의 정체성과 장인정신을 담아 물려주고 있다. 잠시 심당길 가문의 500년 이름사史를 보자.

1대 심당길沈当吉 ▶ 2대 심당수沈当壽 ▶ 3대 심도길沈陶吉 ▶ 4대 심도원沈陶圓 ▶ 5대 심당길沈当吉 ▶ 6대 심당관沈当官 ▶ 7대 심당수沈当壽 ▶ 8대 심당원沈当圓 ▶ 9대 심당영沈当榮 ▶ 10대 심당진沈当珍 ▶ 11대 심수장沈壽藏 ▶ 12대 심수관沈壽官 ▶ 13대 심수관沈壽官 ▶ 14대 심수관沈壽官 ▶ 15대 심수관沈壽官

유대인들은 나라를 잃고 전 세계를 떠돌면서도 밥상머리교육를 통해서 자신들의 언어와 정체성을 지켜냈다. 심수관가는 500년의 밥상머리교육과 습명을 통해 한국인의 정체성을 보존하고 있다. 말은 사람의 의식과 행동을 지배하고, 이름은 자아정체성을 보존한다. 심당길 가문은 매일 부르는 이름을 통해 매 순간 한국인의 정체성을 자연스럽게 교육했다.

세계 최고의 도예 명문가는 어떻게 이어져 왔을까

가고시마 사쓰마 마을에 정착한 심당길은 장인정신으로 최고급 도자기를 만들면서 사족士族, 사무라이으로 예우 받았다. 사쓰마 도자기는 일본에서 무역을 하던 네덜란드인들의 마음을 사로잡았고, 본격적으로 유럽에 수출되면서 세계적인 도자기 브랜드가 되었다. 일본에서 심당길 가문과 함께 도자기 명문가로 손꼽히는 이삼평 가문은 200년 동안 가업이 끊어지기도 한 반면, 심당길의 후손들은 공백 없이 500년간 가업을 이어왔다.

- 13대 심수관 : 교토 대학교 법학부 졸업
- 14대 심수관 : 와세다 대학교 정경학부 졸업
- 15대 심수관 : 와세다 대학교 교육학부 졸업

삼대가 모두 일본의 명문 대학교를 졸업했지만 도공의 길을 걸었다. 단지 가업이 자신의 숙명이었기 때문만은 아니다. 그 속에는 두 가지의 철저한 자녀교육이 있었다. 이것은 혼魂과 불火로 상징된다.

500년 동안 심당길의 후손들이 수만 번 자신에게 되뇌던 질문은 '왜 나는 도자기를 빚는가?'였다. 거기에 대한 울림이 있는 답이 없었다면 오늘의 도자기 신화는 끊겼을 것이다. 아버지는 아들이 말을 알아듣기 시작할 때부터 도자기 빚는 일의 가치를 알려 주었다. 때로는 할아버지가 손자에게 선대의 신화들을 들려주면서 혼을 불어 넣었다. 후손들은 어릴 때부터 도공의 혼을 지닌 사람으로 성장했고, 스스로 도공이 되기로 마음먹었다. 그 혼은 대물림되었고, 예술이 되었다.

리처드 도킨스는 저서 《이기적 유전자》에서 문화적 진화는 유전자처럼 기억으로 복제되어 후손들에게 전달된다고 하며, 그 매개체를 밈meme이라고 불렀다. 밈은 곧 혼이다. 혼을 울리는 자녀교육은 강력한 밈이 되었다.

다음은 불이다. 도자기는 흙을 빚고 불을 다루는 일이다. 도공은 흙의 성질을 알아야 하고, 불의 온도를 조절하는 기술이 있어야 한다. 아버지는 자신이 전수받은 기술을 그대로 아들에게 전수했다. 평생 도자기를 빚으며 터득한 자신만의 스킬과 노하우도 함께 알려줬다. 불을 다루는 500년의 손길은 가문의 정신적 가치 '혼'을 만나서 오늘의 신화로 승화되었다. 그 신화는 현재 진행형이다.

밥상머리의 전설

14대손 심수관의 아버지는 "한강은 이 세상에서 가장 크고 아름다운 강"이라고 자주 말했다. 그에게 한강은 늘 아득한 미지의 강이었다. 한 번은 한강을 말하는 아버지에게 물었다.

"아버지는 일본에 있는데 어떻게 한강을 그렇게 잘 아세요?"

"할아버지에게 들었지."

할아버지는 그 위의 할아버지에게 들었을 것이다. 심당길의 후손들에게 한강은 가보고 싶어도 가지 못하는 한이 서린 강이었다. 1대 심당길의 본명은 심찬으로 원래는 도공이 아닌 사옹원임금의 도자기 관리의 관리로 일하며 도자기 빚는 기술을 배웠다고 한다. 그의 고향은 한강이 내려다보이는 소박한 마을이었다. 아침에 한강에서 피어나는 물안개는 신비로웠다. 이런 이야기를 수도없이 들은 탓에 심수관이 걸음마를 하고부터 가장 가보고 싶은 곳은 한강이었다. 그 꿈을 이루기 위해 1965년 가문 최초이자 대표로 한국 땅을 밟았다. 고국의 자연과 사람들을 온전히 느끼기 위해 부산–대구–대전에서 1박씩 하면서 서울로 올라왔다. 선술집에서 만난 사람들은 그의 사연을 듣고 "400년 만에 돌아왔다니, 불쌍해서 어쩌나…, 환영한다"며 술을 권했다. 마침내 한강을 만났다. 이내 가슴이 벅차올랐고 또 편안해졌다. 한강은 할아버지와 아버지가 늘 묘사하던 그 모습 그대로였다.

이어지는 가업, 다시 이어지는 고국 : 밥상머리교육의 기적

"아들아, 1998년이면 이곳에 온 지 400주년이다. 그때를 잘 부탁한다."

1964년 13대손 심수관이 아들에게 남긴 유언이었다. 14대손 심수관은 아버지의 당부를 잊지 않고 어떻게 하면 아버지의 유지를 잘 이을 수 있을까 궁리했다. 그는 할아버지들과 아버지가 직접 빚고 구웠던 도자기들도 한국이 그리울 거라 생각하고, 수장고에 있던 귀한 도자기들을 한국에 가져가 귀향 전시회를 열기로 마음먹었다. 그러나 이 소식을 들은 일본의 언론들이 격하게 반대했다. 선조들이 남긴 도자기는 이제 가문의 것이 아닌 일본의 위대한 유산이었다. 특히 수장고에 있는 140여 점의 도자기는 사쓰마야키사쓰마 지방에서 나오는 도자기의 총칭의 역사를 상징하는 것으로 이동 중에 파손의 우려가 있었다. 그때부터 14대손 심수관은 언론과 친지들을 직접 만나서 설득하였다. 그는 행사를 준비하며 술까지 끊었다. 꿈은 이뤄진다고 했던가. 1998년 7월 서울에서 '400년 만의 귀향—일본 속에 꽃피운 심수관가家 도예전'이 열렸다. 5주간 약 5만여 명이 다녀가며 대성황을 이루었다.

심수관은 400주년 행사를 성공적으로 마치고 아들과 함께 밥을 먹었다. 아들은 말없이 술잔을 따라 주었다. 그는 평생의 숙제를 아들에게 말했다.

"내년에 너에게 당주집안승계자를 물려주고 일선에서 은퇴하겠다."

당시 그의 나이는 72세였고, 아들의 나이는 38세였다. 그렇게 신화는 다음 세대로 이어졌다. 현재는 16대손까지 도예의 길을 걷고 있다. 언젠가는 그 손자가 또 신화를 이을 것이다. 신화는 계속된다. 14대손 심수관은 그 비결을 이렇게 말했다.

"선대로부터 어린 시절 밥상머리에서 고국에 대한 자부심과 집안에 대한 긍지를 물려받으며 자랐습니다. 자신의 뿌리에 대한 강한 긍정이 자부심을 낳는 것 같습니다."

PART 07

내 아이의 위대한 인생 코치가 되어라

삶의 목적을 아는 아이는 다르게 자란다. 나아갈
길을 알기에 스스로 삶의 조타수가 되어 시시각각의
상황을 헤쳐 나간다. 그러나 어린아이가 처음부터
삶의 목적이란 거대한 지향을 알고
그것을 향해 나아가기란 어려운 일이다.
이를 위해서는 훌륭한 멘토가 필요하다.
무엇을 원하고 어떻게 살아갈 것인지에 관하여
질문하고, 코칭하는 인생의 멘토가 있어야 한다.
그러한 역할은 부모가 가장 잘 할 수 있다.

아이의 적성을 찾아주는 것이 부모의 역할

강지원

남편은 검사였고, 아내는 판사였다. 세속적인 눈으로 보면 누구나 부러워하는 성공한 사람들이다. 사회적 지위가 높은 부모들은 자녀에 대한 기대가 크다. 부모의 그 같은 기대는 아이를 숨 막히게 한다. 부모와 자녀의 가장 큰 갈등원인이다. 그러나 부부는 달랐다. 서울대를 졸업했다고, 사법고시에 합격했다고 인생이 행복한 건 아님을 경험으로 알고 있었다. 오히려 판에 박힌 듯한 그런 삶을 아이들이 반복하지 않기를 바랐다. 아이들에게 자유를 주고 싶었다. 그래서 삶을 스스로 디자인하도록 내버려두었다. 당연히 '공부하라'는 소리를 단 한 번도 하지 않았다. 바로 강지원 변호사와 김영란 전 대법관의 이야기다.

강지원은 명문가 집안에서 태어났다. 아버지는 고려대를 나와서 완도군수를 지내는 등 고위공직자였고 어머니는 서울대를 졸업하고 교사를 하였다. 부모님 모두 명문대를 나와서 교육열이 꽤 높았다. 강지원의 형제는 7남매이다. 5명은 서울대를 나왔고 2명은 숙명여대와 이화여대를 나왔다. 서울대 정치학과를 졸업한 강지원은 행정고시에 합격해서 공무원으로 일하다가 다시 사법고시에 도전해 수석으로 합격했다. 운명이었는지 초임검사로 발령받은 업무가 비행 청소년에 관한 업무였다. 그것이 인연이 되어 평생을 청소년 문제를 해결하기 위해 뛰어다녔다.

처음부터 비행청소년인 아이는 없다. 부모가 있는 청소년의 경우에는 부모와의 갈등이 비행청소년을 만들었다. 부모가 자녀에게 하고 싶은 일을 못 하게 하고, 하기 싫은 일을 억지로 시키면 아이는 엇나간다. 그가 두 딸에게 자유롭게 살라며 공부를 강요하지 않은 이유도 수많은 비행청소년을 만나본 경험에서 나오는 통찰이었다.

그의 아내인 김영란은 그 유명한 '김영란 법'의 주인공이다. 예전에는 대선까지 나간 남편이 더 유명했지만 지금은 역전되었다. 국민권익위원장으로 재직할 때 '부정청탁 및 금품 등 수수의 금지에 관한 법률'을 만들었다. 반부패를 위해 그녀가 직접 제안한 법을 사람들은 '김영란 법'이라고 부른다. 그녀는 서울대 법대를 졸업하고 사법고시에 합격해 줄곧 판사의 길을 걸었다. 그러다 48세 때 한국 최초의 여성 대법관에 올라 역사에 이름을 남겼다.

부부는 누구나 부러워할 만한 성공을 했다. 그건 사회적 성공이다. 사회적 성공이 꼭 개인적 성공과 일치하지는 않는다. 사회적 성공은 지위와 성취에 기반하고, 개인적 성공은 행복감에 기반한다. 부부는 법정에서 다양한 사람들을 만났다. 법정만큼 사람의 민낯과 내면이 드러나는 곳도 없다. 부부는 한 사람의 죄와 벌을 판단하기 위해 그가 자라온 가정환경과 교육환경을 들여다보았을 것이다. 인과응보. 그들은 알았다. 수많은 죄의 원인이 자녀교육에서 비롯되었음을.

부부가 택한 자녀교육법은 두 딸이 스스로 자신의 길을 찾아가도록 자유를 주는 것이었다. 부부는 두 딸을 세상이 정해놓은 프레임 속에 가두지 않았다. 오히려 프레임 밖으로 나가보라고 권했다. 그건 새롭고 자유로운 삶이었다. 스스로 선택하고 스스로 책임지는 삶이었다. 부부가 기대한 것은 딱 한 가지. 딸들이 자신이 하고 싶은 일을 찾아서 행복하게 사는 것, 그뿐이었다.

대안학교를 선택하다

큰딸은 고등학교에 들어갔지만 '학생회가 자율적으로 운영되지 않는다'는 이유로 대안학교로 전학 가기를 원했다. 부부는 참으라고 하는 대신 딸의 손을 들어주었다. 딸의 소신과 비판적 사고를 지지한 것이다. 딸은 지리산을 오르내리며 농사를 짓고 다양한 활동을 하며 즐거운 학교생활을 보냈다. 고3 때는 대학에 가지 않겠다며 수능시험조차 보지 않아서 부부를 충격에 빠트리기도 했다. 결국 딸은 대학에 가지 않았다. 그러나 그때도 어김없이 딸을 믿어주었다. 딸은 고등학교를 졸업하고 서울로 올라와서 청소년 단체에 참여하며 의미 있는 시간을 보냈다. 그리고 어느 날 다음과 같은 내용의 인생 계획서를 들고 집으로 왔다.

1. 한 달 동안 아르바이트를 한다.
2. 돈을 모아 호주로 한 달간 여행을 간다.

3. 여행을 하며 삶을 성찰하고 다음 진로를 정한다.

딸은 계획대로 호주로 떠났다. 낯선 땅을 한 달 동안 걸으며 '앞으로 어떻게 살 것인가?'를 고민했다. 귀국하자마자 미국으로 유학을 가겠다고 말했다. 영어를 잘 못하는 딸을 걱정했더니 '미국에서 배우면 된다'며 당차게 떠났다. 부부가 딸의 공부와 진로를 간섭하지 않은 효과가 나타나고 있었다. 딸이 고등학교를 대안학교로 선택한 것도, 수능시험을 보지 않은 것도, 아르바이트를 해서 호주 여행을 간 것도, 미국 유학을 결정한 것도 모두 스스로 선택한 것이었다. 부부는 그때마다 딸이 가는 길을 응원해 마음의 짐을 덜어주었다. 그 길이 아니라면 다시 돌아와서 새로운 길을 가면 되는 것이었다.

선택을 아이에게 맡기면 깊게 고민하고 책임감을 갖는다. 선택에 따라오는 좌절, 시련은 아이를 강하게 만든다. 부모에게 기대지 않고 온전히 자신의 삶을 살아가는 아이는 그렇게 탄생한다. 딸은 미국에서 심리학을 전공하고 일본으로 건너가 미디어 아트 석사학위를 받았다. 딸은 자신이 좋아하는 공부를 택하고, 지금은 자신이 좋아하는 일을 하고 있다.

나는 대학교수를 하며 여러 교수들을 만나보았다. 아무래도 교육학을 전공한 데다 밥상머리교육을 연구하고 있다 보니, 교수들은 과연 어떻게 자녀를 키우고 어느 학교에 보냈는지가 궁금하다. 그래서 만나는 사람마다 실례를 무릅쓰고 물어본다. 의외로 대안학교에 보낸 교수들이 많았다. 재미있는 것은 초등교사를 양성하는 교육대학교의 교수들도 마찬가지란 사실이다. 이유를 물어보면 대답은 거의 비슷하다. 주입식 교육과 입시경쟁 교육에 자신의 아이를 맡기고 싶지 않다는 것. 여기에 더해, 교육대학교 교수들은 연구를 위해 여러 학교에 방문하며 느낀 점을 말해주었다. 대안학교 아이들이 가장 얼굴이 밝고 행복해 보였기에, 자신의 자녀도 그렇게 행복하게 학교생활을 하기를 바라며 대안학교를 추천했다는 것이다. 자녀가 공부 스트레스 없이 행복하게 학교에 다니는 것이 모든 부모의 바람이 아니겠는가.

강지원 부부의 둘째 딸 역시 대안학교로 갔다. 첫째와 똑같이 학교에서 도보 여행을 하고 수박농사를 지으면서 재미있게 학교를 다녔다. 그곳에서 꿈이 생겼다. 영화감독이 되기 위해 재수까지 해가며 영화학과에 입학했다. 두 딸 모두 평범한 길은 거부하고 자신만의 새로운 길을 가고 있다. 그 과정은 결과를 위해 힘들어도 참고 견딜 필요가 없다. 자신이 좋아서 가는 길이기 때문이다. 그래서 행복하다고 말한다.

아이가 진정 행복해 하는 진로를 찾도록 도와줘라

사람은 자신이 하고 싶은 일을 하며 살 때가 가장 행복하다. 그러나 대부분의 아이들은 고등학교 성적에 맞춰서 대학에 간다. 한국에서 대학의 서열은 굳건하며 취업에 큰 영향을 미친다. 그렇다 보니 학교 간판이 우선이고, 학과는 나중이다. 내 적성에 맞는 학과를 찾기보다 일단 명문대에 입학하는 게 목표다. 자기 적성과는 맞지도 않은 학과에 가서 4년 동안 수천만 원을 쓴다. 그리고 대학 서열에 맞춰서 취업할 곳을 찾는다. 어렵게 취직이 되어도 별로 행복하지가 않다. 자신의 적성이 아닌 성적과 대학교 서열에 맞춰서 갔으니 당연한 결과다.

한국의 청소년은 OECD 국가 중에 행복지수 꼴찌, 자살률 1위다. 한국사회의 부끄러운 자화상이다. 그래도 대부분의 부모들은 아직까지 명문대를 고집하며 아이들을 학원으로 내몬다. 비극의 시작이다.

행복도 연습이다. 아동청소년기에 행복하지 않았던 아이들이 성인이 되었다고, 대기업에 취직했다고 갑자기 행복해지진 않는다. 나중에 행복해지기 위해서 지금 행복을 미루는 것은 어리석다. 인생은 짧고 생명은 언제 꺼질지 모르기 때문이다. 강지원은 수십 년째 청소년 문제에 매달려 왔다. 여전히 청소년 문제와 씨름하고 있는 그가 말하는 부모의 가장 큰 역할은 간단하다. 자녀가 좋아하고 적성에 맞는 일을 찾도록 도와주는 것. 선택은 부모의 몫이다. 그 선택에 따라 내 아이의 행복지수가 결정된다.

평생 써도 넘쳐흐를 사랑을 남겨준다는 것

피천득

아빠는 아들의 옷을 발가벗겼다. 그리고 태극기로 온 몸을 감싼 뒤 목마를 태워 거리로 나갔다. 거리엔 온통 환희에 찬 사람들이 "만세!"를 외쳐대고 있었다. 아빠의 목소리는 유난히 컸다. 1945년 8월 15일, 아들은 세 살이었지만 아직도 기억이 생생하다. 유년시절의 유일한 기억이다. 아들을 목마 태운 아빠는 피천득이었다.

> 피 씨가 희성이긴 하지만 어찌하여 역사에 남은 이름이 그다지도 없었던가. 알아보니, 피 씨의 직업은 대개가 의원이요. 그중에서는 시의(임금을 진료하는 의사)도 있었다는 것이다…. 의학을 공부하는 우리 '아이'는 옥관자는 못 달더라도 우간다에 가서 돈을 많이 벌어 가지고 올 것이다.

피천득이 1965년에 발표한 〈피가지변〉이라는 수필의 일부 내용이다. 수필

속 '아이'는 광복절에 온 몸에 태극기를 휘감고 아빠의 목마를 탄 피천득의 차남 피수영이다. 피천득이 이 글을 쓸 당시 피수영은 스물두 살로 서울대 의대를 다니고 있었다. 피천득의 시와 수필에는 아이들이 자주 등장한다. 늘 해맑은 얼굴로 아이들을 살갑게 대한 피천득의 모습이 글 속에 그대로 묻어난다. 피천득의 호는 금아琴兒로, 춘원 이광수가 '거문고를 타고 노는 때 묻지 않은 아이'라는 뜻으로 지었다. 이광수의 추천으로 피천득은 중국에서 유학하고 대학교를 졸업했다.

피천득의 자녀는 세 명이다. 첫째 아들 피세영은 동국대 연극영화과를 졸업하고 당시 유명한 세시봉의 DJ, 성우 등으로 활동하였다. 둘째 아들 피수영은 서울대 의대를 졸업하고 미네소타대 교수를 거쳐 서울아산병원에서 신생아학을 개척한 명의다. 막내는 피천득이 딸 바보임을 세상에 알린 수필 〈서영이〉의 주인공 피서영이다. 피서영은 서울대 화학과를 졸업하고, 현재는 보스턴대 물리학과 교수로 재직 중이다. 세계적으로 유명한 바이올리니스트 스테판 피 재키브가 그녀의 아들이다. 3남매는 피천득이 아흔이 넘었을 때도 아빠라고 불렀다. 피수영은 "우리는 나이 먹어도 '아빠'라고 부르고, 반말을 했어요. 그만큼 아빠와 친구처럼 가깝게 지냈고, 서로 비밀이 없었습니다"라고 말한다. 피천득과 3남매는 평생의 친구였다.

진실한 삶은 실천으로 빛난다

서울에 살던 피천득은 6·25 전쟁이 터지자 가족들을 데리고 남쪽으로 피

난을 떠났다. 대구에 도착해서는 대학교 선배였던 주요섭이 부산에 있다는 소식을 듣고 다시 부산으로 향했다. 주요섭의 집에서 2주 정도 있다가 변두리 지역에 초가집 단칸방을 얻어 살았다. 옆집에는 미군부대에서 일하는 사람이 있었다. 그는 퇴근할 때마다 미군들이 먹다 버린 짬밥음식쓰레기을 가져왔다. 먹을 게 없던 시절에 귀한 음식이었다. 피천득의 가족들은 그걸 얻어먹으며 힘겨운 피난생활을 이겨나갔다.

전쟁통에도 배움은 있었다. 서울대가 임시로 문을 열었고 피천득은 대학입학시험 출제위원을 맡았다. 어느 날 한 학부모가 찾아와 '아이가 이번에 시험을 본다'며 쌀 한 가마니를 놓고 갔다. 미군들의 짬밥을 얻어먹던 형편에 쌀 한 가마니면 아이들의 끼니를 한참 동안 해결할 수 있었다. 그러나 피천득은 쌀을 마당에 며칠 두었다가 썩은 다음에 돌려주었다. 아이들은 아빠의 행동을 유심히 지켜보았다. 그리고 마음속에는 '당장의 어려움이 있더라도 절대 불의와 타협하지 말라'는 가르침을 새겼다. 피천득은 아무런 말도 하지 않았다. 단지 행동으로 보여주었을 뿐이다.

피천득은 도산 안창호 선생을 존경했는데, 아들이 그 이유를 물었더니 '진실한 삶을 살았기 때문'이라고 말해 주었다. 피천득이 안창호 선생을 만났을 때 거짓말에 대한 의견을 물어보았다. 안창호 선생은 '거짓말은 동지에게 큰 피해가 갈 때만 해야 한다'는 답을 주었다. 이런 영향을 받은 피천득은 자녀들에게 진실과 정직을 가르쳤다. 그러나 살면서 한두 번 실수도 있었다. 둘째 피수영은 대학생 때 용돈이 필요해 아빠에게 교과서 구입비를 제값보다 높게 불렀다. 이 사실을 뒤늦게 알게 된 피천득은 새벽 두 시에 아들을 깨워 밤새 혼을 냈다. 피수영은 "그때 이후로는 다시는 거짓말 안 하고 살려고 노력하고 있다"라며 그때를 추억했다. 2007년에 피천득은 세상을 떠났지만, 피수영의 지갑 속에는 늘 해맑게 웃는 아빠 사진이 함께하고 있다.

사랑으로 가득찬 문장들

피천득의 수필집 《인연》은 베스트셀러를 넘어 스테디셀러다. 1996년에 출간되어 20여 년이 훌쩍 지났지만 지금까지도 독자의 사랑을 받는다. 이제 피천득은 없지만 《인연》을 통해 독자들은 계속해서 피천득과의 인연을 맺고 있다. 나를 비롯해서 말이다. 내가 특히 인상 깊게 읽은 대목은 책 속에 딸 서영이 대한 글이 많다는 것이었다. 피천득은 일곱 살에 아버지를 여의고, 열 살에 어머니를 잃었다. 그는 다음과 같이 말했다.

> 내 일생에는 두 여성이 있다. 하나는 나의 엄마고 하나는 서영이다. 서영이는 나의 엄마가 하느님께 부탁하여 내게 보내 주신 귀한 선물이다. 서영이는 나의 딸이요, 나와 뜻이 맞는 친구다. 또 내가 가장 존경하는 여성이다.
>
> — 《인연》 피천득 지음 중에서

피천득이 1955년 하버드대에 연구원으로 일 년 동안 가있을 때 딸에게 줄 인형을 사서 '난영'이라는 이름을 지었다. 그리고 딸에게 편지를 보냈다.

> 아빠가 부탁이 있는데 잘 들어주어

밥은 천천히 먹고

길은 천천히 걷고

말은 천천히 하고

네 책상 위에 '천천히'라고 써 붙여라

눈 잠깐만 감아 봐요, 아빠가 안아줄게.

자, 눈 떠!

피천득은 하버드대에 있던 일 년을 빼고는 유치원부터 초등학교를 졸업할 때까지 서영이를 매일 데려다주고 데리고 왔다. 학교를 오고 갈 때 아버지와 나눈 이야기는 피천득에게는 글이 되었고, 서영에게는 신화가 되었다. 《인연》의 서문에는 이렇게 쓰여있다.

"나에게 글 쓰는 보람을 느끼게 하는 서영이에게 감사한다."

딸의 장래를 위해서라면

피천득은 하버드대에서 일 년 동안 연구교수로 있으며 제대로 공부하려면 미국에서 해야 한다는 걸 깨달았다. 그래서 딸이 대학교를 졸업할 무렵 미국 유학을 권했다. 다행히 서영은 뉴욕주립대 스토니브룩대에 장학금을 받고 유학할 기회를 얻었다. 그러나 서영은 유학 가기 전 날에 떠나기 싫다며 무작정 울어댔다. 다음 날 간신히 달래서 공항에 갔지만 거기서도 한참을 울다가 비행기를 탔다. 며칠 뒤 퇴근을 하고 집으로 돌아왔는데 서영이 있는 게 아닌

가. 혼자 살기 싫다며 비행기를 타고 온 것이었다. 이후로도 서영은 세 번이나 집으로 다시 돌아왔다.

그런 딸을 보내는 피천득의 마음은 어땠을까? 피천득은 자신이 서영에게 사다 준 인형 '난영'이를 통해 마음을 다잡았다. 날마다 '난영'이의 얼굴을 씻기고 일주일에 한두 번씩 목욕을 시켰다. 여름이면 얇은 옷, 겨울이면 두꺼운 옷을 입혀주었다. 그가 좋아하던 음악도 늘 함께 들었다. 그렇게 마음을 달랬다. 딸을 위해서……. 딸의 장래를 위해서 그는 모진 아버지가 되기로 결심했다. 결국 피서영은 한국의 천재물리학자 이휘소의 지도를 받아 박사학위를 취득하고 보스턴대 교수로 임용되었다. 그곳에서 MIT의 물리학 교수인 로먼 재키브를 만나 결혼을 하고 스테판 피 재키브를 낳고 세계적인 바이올리니스트로 키웠다.

스테판 피 재키브는 리처드 용재 오닐과 디토Ditto라는 체임버 앙상블로도 활동을 하고 있다. 3대에 걸쳐 문학, 물리학, 음악 분야에서 활약하고 있는 것이다. 피천득의 손자 스테판은 자신의 음악적 영감은 외할아버지인 피천득에서 나왔다고 말한다. 그토록 사랑하는 딸을 곁에서 떠나보내면서까지 모질게 굴었던 피천득의 선택은 옳았다. 그러나 사무치는 그리움은 어쩔 수 없었다. 사람의 그리움은 글이 되는 법. 아버지와 딸은 편지로 그리움을 달랬다.

손자의 음악적 재능을 키워준 할아버지

'음악은 신이 주신 최고의 선물'이라며 피천득은 항상 집에서 음악을 들었다. 그가 평생을 그리워한 어머니는 재능 있는 거문고 연주자였다. 첫째 아들 세영이 세시봉의 유명 DJ가 된 것도 그런 영향 덕분이 아닐까. 딸 서영은 아들이 네 살이 되던 해부터 매년 여름이면 아들을 외할버지인 피천득의 집으로 보냈다.

스테판은 네 살 때 처음으로 바이올린을 켜기 시작했다. 피천득은 손자의 음악적 재능을 알아보았다. 손자에게 문학과 음악에 대해 이야기해주고 바흐와 베토벤의 음악을 들려주었다. 스테판은 언론과의 인터뷰에서 "외할아버지는 제가 위대한 음악에 눈과 귀를 열도록 이끌어준 분"이라고 말했다. 피천득은 어머니의 음악적 재능이 자신을 거쳐 딸에게 다시 손자에게 전해진 거라 믿었다. 그는 손자가 오는 매년 여름을 기다렸다. 손자가 오면 그동안 마음속에 써두었던 시와 문학에 대해 이야기 나누었다. 손자는 음악에 문학적 감수성을 더했다. 남다른 음악의 깊이는 거기서 나온다. 피천득과 손자는 아일랜드로 둘만의 여행을 다녀오기도 했다. 스테판이 가장 아끼는 것은 피천득이 사준 바이올린이다.

후회 없이 표현하라

2007년, 피천득은 97년을 살고 떠났다. 그는 생애 가장 행복한 기억을 이렇게 떠올렸다.

모든 시간을 서영이와 이야기하느라고 보낸다. 아마 내가 책과 같이 지낸 시간보다도 서영이와 같이 지낸 시간이 더 길었을 것이다. 그리고 이 시간은 내가 산 참된 시간이요, 아름다운 시간이었음은 물론, 내 생애에 가장 행복한 부분이다.

— 《인연》 피천득 지음 중에서

세월이 가면 아버지가 되고, 아버지를 떠나보내게 된다. 그리고 아버지를 잊고 산다. 대개는 그렇다.

그런데 그렇지 않은 사람들이 있다. 늘 가슴 한 곳에 아버지를 떠올리며 가슴앓이를 하는 사람들. 그들은 아버지를 추억하며 산다. 그들은 영원히 아버지를 떠나보내지 않는다. 나도 그런 아버지가 되기 위해 아이들에게 눈을 맞추고, 아이들의 이야기를 들어준다. 그리고 수시로 안아준다. "사랑해"라고 말하며.

세계 최고 인생코치는 어떻게 아이를 키웠을까

리 코커렐

리 코커렐Lee Cockerell은 10년간 월트디즈니의 부사장으로 일했다. 수천 명의 리더와 4만 명의 직원에게 리더십과 경력 계발을 직접 가르쳤다. 연설자로도 탁월한 능력을 보여 미국 정부기관과 〈포춘〉 선정 500대 기업의 기조 강연자로 명성이 자자하다. 디즈니에서의 경험을 바탕으로 쓴 그의 저서 《크리에이팅 매직Creating Magic》은 세계적인 베스트셀러가 되어 14개국에 번역 출간되었다. 이만하면 성공한 직장인이다.

직장에서 후배들에게는 훌륭한 롤모델일지 몰라도, 자녀들에게는 무관심한 부모들이 많다. 그러나 리 코커렐은 다르다. 두 마리 토끼를 다 잡았다. 그는 최고의 부모는 '아이에게 롤모델이 되는 부모'라고 말하며, 실천에 옮겼다. 지금은 손자와 손녀에게 롤모델이 되어 주고 있다.

부모의 모든 행동과 말이 아이의 본보기가 된다

리 코커렐은 밥상에서 인종차별적인 말을 많이 듣고 자랐다. 부모님은 미국인이었고 개신교를 믿는 백인이었다. 이 세 가지 가운데 하나라도 해당되지 않는 사람들은 비난의 대상이 되었다. 리 코커렐은 어린나이에도 그런 이야기가 불편했다. 그러나 늘상 그런 말을 듣고 자라다 보니 자신도 모르게 인종과 종교가 다른 사람들에 대한 편견을 가지게 되었다. 군대에 입대하고 나서야 자신의 그런 생각이 얼마나 잘못되었는지 깨달았다. 그는 군대에서 다양한 인종을 만나고 대화를 나누면서 그들과 친구가 되었다. 사람을 평가하는데 인종과 종교는 아무런 영향이 없었다.

결혼하면서 그는 자신의 부모님을 반면교사로 삼았다. 심지어 아이가 태어나기 전부터 어떠한 종류의 편견도 심어주지 않기 위한 교육방법을 아내와 함께 고민했다. 부모님의 행동과 편견이 자신에게 그대로 스며든 경험을 성찰하며 그 반대로 아이들을 키웠다. 아이가 태어난 후에는 사람은 누구나 중요하고 특별한 존재로서 존중해야 함을 가르쳤다. 이를 위해 스스로가 아이들의 본보기가 되기 위해 노력했다. 자신의 가치관을 아이들에게 행동으로 보여주었던 것이다. 그는 다음과 같이 말했다.

> 아이들은 부모가 전화통화를 하거나, 누군가와 대화하는 모습을 지켜봅니다. 부모가 남에게 무슨 말을 하고, 대화가 끝난 후에 그들에 대해서 어떻게 말하는지 주목합니다. 부모가 아이에게 큰 영향을 미친다는 것을 잊지 마세요.
>
> — 《최고의 석학들은 어떻게 자녀를 교육할까》 마셜 골드스미스 외 지음 중에서

리 코커렐의 교육은 효과가 있었을까? 교사는 그의 아들을 이렇게 평가했다. '친구가 학교에서 왕따나 차별을 받으면 용기 있게 맞서서 그 행동을 저지시킨다.' 최고의 칭찬이었다. 아이는 부모의 교육으로 자라난다. 아이에게 훌륭한 롤모델이 되는 것은 어려운 일이지만 충분한 가치가 있는 일이다. 아이는 행동으로, 실천으로 보여준다. 그리고 손자와 증손자에게 위대한 유산으로 전수된다. 그 행복의 씨앗을 누가 먼저 뿌릴 것인가? 바로 책을 읽고 있는 당신이다.

아이의 학창시절 반드시 지켜낸 두 가지는?

리 코커렐은 아들이 초등학교에 들어가면서 두 가지를 꼭 지켰다. 먼저 매년 9월이 되면 아들의 담임 선생님에게 면담을 요청했다. 아들의 학교생활을 파악하고, 적응에 어려움은 없는지 그리고 자신이 처한 상황들을 부모에게 잘 드러내는지 확인하기 위해서였다. 두 번째는 학교행사와 스포츠 경기가 열리면 빠짐없이 참석해 아들을 응원했다. 그는 이런 행동들이 아들에게 긍정적인 효과를 가져왔다고 말한다. 아들은 아버지가 늘 자신의 교육에 관심이 많고 학교 일에 적극적으로 참여한다는 생각을 갖게 되었다. 그 때문인지 아들은 부모의 기대에 어긋나지 않게 학교생활을 했고 공부에도 최선을 다했다.

나 또한 아무리 바쁜 일이 있어도 아이들의 공개수업은 꼭 참석해왔다. 매번 느끼는 거지만 공개수업에 참석하는 아빠는 드물다. 그나마 유치원과 저학년 때는 아빠들을 볼 수 있는데 고학년이 되면 거의 없다. 작년 가을 공개 수업 때도 아빠는 나 혼자였다. 좀 멋쩍기는 해도 아빠를 보고 활짝 웃으며 손을 흔들어주는 아이를 보면 잘 왔다는 생각이 든다.

그런 아빠를 보는 아이들은 무엇을 느낄까?

아빠가 자신에게 애정이 많고 학교일에 관심이 많다고 느끼지 않을까? 그런 감정이 아이의 학교생활의 적응을 돕고 아이의 자존감을 키운다고 믿는다. 한국인과 유대인들이 많이 다니는 LA의 행콕팍 지역에서 교장을 맡고 있는 한국인 선생님은 두 그룹의 부모가 확연히 다르다고 말해주었다.

"한국인 부모들은 학교 성적에만 관심이 있지만 유대인 부모들은 학교 성적뿐만 아니라 자녀의 인성, 사회성, 신체성, 감성이 균형적으로 발달하고 있는지에 관심을 둔다. 특히 학교에 행사가 있으면 한국인들은 거의 다 엄마만 참석하는데 유대인들은 부모 모두가 빠짐없이 참석한다. 그 이유를 물어보니 자신의 자녀뿐만 아니라 학교 전체를 도와주면 그 이익이 자녀에게 그대로 간다고 말하더라. 우리 학교는 성적이 우수해 인기가 좋은 편인데, 유대인 부모들은 수시로 학교에 전화를 해서 교장과 교사의 교육철학을 묻는다. 그리고 어느 학교에 좋은 프로그램이 있으면 알려주고 그 프로그램이 생길 때까지 아이디어를 주고 함께 노력해준다."

열 살 때부터 소목장에 보내다

아들이 열 살이 되었다. 여름방학이 다가오면서 라 코커렐은 오클라호마에서 소목장을 운영하는 친구에게 전화를 걸었다.

"방학 동안 우리 아들이 거기서 일할 수 있을까?"

친구의 승낙을 얻은 후 아들에게 물어보자 아들도 흔쾌히 OK! 오클라호마는 여름에 37도는 기본을 넘기는 더운 도시다. 그곳에서 아들은 구덩이를 파고, 소똥을 치우고, 소먹이를 주었다. 일주일에 한 번은 축사 대청소에도 참여했다. 아이는 주급을 받으면 자랑하려고 아버지에게 전화를 걸었다. 그 뿌듯함이 아버지에게 그대로 전달되었다. 아들은 자신이 자랑스럽고 노동의 가치는 물론 돈의 가치를 깨닫고 있다고 말했다. 덤으로 목장에서 함께 일하는 다른 문화권의 사람들과 어울리며 인간관계도 배웠다.

여름방학이 끝나갈 무렵 소목장에서 돌아온 아들은 검게 그을린 건강한 얼굴을 하고 있었다. 그사이 몸도 마음도 훌쩍 커있었다. 이후 아들은 여름방학이 되면 매년 그곳으로 달려갔다. 열네 살이 되던 해에는 콜로라도의 국립 야생공원을 관리하는 봉사를 스스로 지원해서 떠났다. 왜 지원했느냐는 질문에 아들은 이렇게 답했다.

"아버지와 어머니도 남을 돕기 위해서 항상 자원봉사를 하시잖아요."

리 코커렐은 자신의 부모에게서 교훈을 얻었다. 그리고 자신의 부모와는 정반대로 교육을 했다. 모든 부모가 바라는 '아이의 롤모델'이 되었다.

유배지에서 아들을 가르치다

김정희

한국인에게 김정희는 친근하다. 사람들은 서예가 하면 추사 김정희를 떠올린다. 자신만의 독특한 서체인 추사체를 만들어 수많은 국보를 남겨 사후에도 추앙받고 있다. 그는 서예가로 이름을 날렸지만 비석의 비문을 해석하고 고증하는 금석학과 고증학의 대가이기도 했다. 현재 청와대 뒤에 있는 북한산 비봉의 비석이 무학대사가 세운 게 아니라 신라진흥왕순수비임을 밝혀낸 것도 김정희의 학문적 성과다. 그러나 김정희의 삶은 순탄치 않았다.

그의 아버지 김노경은 판서지금의 장관만 여섯 번을 하는 등 20년간 최고의 권력을 누렸다. 김정희 자신도 대과에 급제해 능력을 입증했다. 그러나 권불십년 화무십일홍, 권력은 십 년을 못 가고 꽃은 십 일을 못 간다고 했던가. 권력이 길면 적이 많아진다. 김노경이 20년 간 누린 권력은 독이 되었다. 정적들은 힘이 빠진 김노경을 가만히 두지 않았고, 끝내 전라도 고금도로 유배를 보냈다. 그의 나이 65세, 김정희는 45세였다. 이때부터 김정희는 벼슬에서 내려와 칩거에 들어갔다. 1년 6개월을 기다려도 아버지가 풀려날 기미가 보이지 않자 당시 임금이었던 순조의 행차 길을 막고 꽹과리를 치는 격쟁으로 호소했으나 소용이 없었다. 반년이 흐른 후 또다시 순조의 길을 막고 피눈물을 흘리며 꽹과리를 쳤지만 무시당했다. 사대부가 꽹과리를 치며 격쟁을 호소하는 일은 조선왕조 500년을 봐도 참으로 드문 일이었다. 그만큼 김정희의 효심이 깊었다.

그러던 중 김노경이 숨을 거두었다. 정적들의 화가 멈춘 듯했다. 임금은 다시 김정희를 불러들였다. 이후 병조참판을 하다가 동지부사까지 올랐다. 그러나 그가 55세 되던 1840년헌종 6년 중상모략에 걸려 제주도로 유배를 떠나게 되었다. 지금이야 제주도는 최고의 여행지로 각광받지만, 조선시대만 하더라도 생사를 걸고 가야 하는 곳이었다. 죄인에게 큰 배를 내줄 리 없었다. 돛단배로 건너가다가 운 나쁘게 파도에 뒤집히기라도 하면 끝이었다. 무사히 도착해도 위험하기는 마찬가지였다. 수시로 왜구가 출몰해 식량을 약탈하고 사람들을 끌고 갔다. 그야말로 최악의 유배지였다. 그곳에서 김정희는 8년을 보냈다.

그에게는 아들이 한 명 있었다. 아들 김상우는 정실부인이 아닌 첩에게서 낳은 자식으로 이른바 서자였다. 조선 시대에 서자는 과거시험을 볼 수가 없어 원칙적으로 벼슬에 나가지 못했고 양반 가문에서는 가족으로도 인정하지 않았다. '아버지를 아버지로 부르지 못한다'는 말은 서자의 이런 처지로 인해 나온 말이다. 여러 차별을 받아 자연스레 한이 많을 수밖에 없었다. 김정희는 그런 아들을 보듬어 안았다.

직접 책을 만들어주다

김정희의 아들 사랑은 각별했다. 본처에게 아들이 없다 보니 상우가 외아들이었다. 김정희는 《동몽선습童蒙先習》이라는 어린이 책을 직접 필사해서 한 권의 책으로 만들어 네 살배기 아들에게 주었다. 김정희가 35세 때이다. 당시 《동몽선습》은 서당에서 초급 교재로 쓰던 흔한 책이었다. 하지만 김정희는 아들을 위해 직접 필사를 하고 정성을 들였다. 그의 서체는 특별했지만 아들에게 주는 책은 정자로 또박또박 썼다. 책을 옮겨 적는 아버지의 마음은 어떠했을까? 김정희는 책의 마지막 장에 자신의 마음을 적어 놓았다.

> 너는 열심히 읽고 가르침에 따르며 정밀하게 생각하고 힘껏 실천한 즉 사람의 도에 이를 것이니 열심히 공부할지어다. 1820년 5월 초승달이 뜬 지 사흘이 지난 6일에 아비가 쓰다.

아들을 위로하는 아버지, 바다를 건넌 아들

죽고 난 이후에 대중들에게 더욱 사랑받는 예술가들이 있다. 하지만 김정희는 달랐다. 당대 최고의 서예가로 청나라에서 이름난 문인들이 편지로 만남을 요청할 정도였다. 유홍준은 김정희 평전 《완당 평전》에서 '한중 문화교류에서 이런 대접을 받은 경우는 김정희 이외에 찾기 힘든 일'이라고 말했다.

김정희는 아들에게 자신이 일생 동안 완성한 추사체를 전수하고 싶었다.

제주도 유배 시절에는 아들과 수시로 편지를 주고받으며 가르쳤다. 그러나 아들은 힘에 부쳤다. 네 살 때부터 서예의 천재 소리를 듣던 아버지를 도저히 따라갈 수가 없었다. 그는 스스로에게 무척 화가 났고, 그런 자신이 실망스러웠다. 그 마음을 편지로 보냈다. 김정희는 아들을 탓하지 않았다. 오히려 따뜻한 위로의 말을 건네며 용기를 주었다.

> 너는 편지에서 '겨우 두어 글자를 쓰면 글자들이 따로 놀아서 결국은 하나가 되지 않습니다'라고 말했다. 그 말은 깨우침이다. 서예의 놀라운 발전이 거기서 시작되느니라. 마음을 깊이 가다듬고 힘써야 한다. 괴로움을 참고 이 관문을 넘어서야 통쾌한 깨달음에 도달하게 될 것이다. 이 깨침을 이루기가 지극히 어렵더라도 절대로 물러나지 마라. 나는 지금 육십을 바라보는 나이지만 그 경지에 오르지 못했다. 너와 같은 초급학자야 말해 무엇하겠느냐. 너의 그 한탄을 들으니 나는 도리어 기쁘구나. 장래에 있을 너의 성공이 그 한마디에서 시작됨을 잊지 마라.

아들은 결국 아버지를 만나러 바다를 건넜다. 제주도에서 함께 생활하며 아버지에게 서예와 난 치는 법을 직접 전수받았다. 김정희는 아들이 떠날 때가 되자 초의선사에게 "아들이 멀리 바다를 건너와서 약간의 위로가 됩니다. 이제 다시 돌아가게 되었습니다. 아들이 초의선사를 찾아뵙고 싶어 하니 한번쯤 웃으며 반겨주시기를 바랍니다"라며 편지를 보냈다. 초의선사는 한국의 다도茶道를 정립해 다성茶聖으로도 불리는 스님이다. 김정희와는 평생의 친구였고, 정약용과도 깊은 마음을 나누었다. 김정희는 아들을 초의선사에게 보내 삶의 깨달음을 주고 가슴에 품은 서자의 한을 달래주고 싶었을 것이다. 김정희는 8년의 유배생활을 끝내고 다시 집으로 돌아왔지만 3년 만에 다시 유배를 떠났다. 이번에도 가혹했다. 그는 늙은 몸을 이끌고 북쪽 함경도 북청으로 향했다. 아들 상우도 북청으로 따라나섰다. 아들은 서자인 자신에게 사랑을 준 아버지를 끝까지 지켰다.

마지막으로 세상에 남긴 한마디

김정희는 말년에 온갖 고생을 다했다. 그토록 존경하고 사랑하던 아버지가 치욕을 당하고 죽었다. 자신 또한 오십이 훌쩍 넘은 나이에 모든 것을 잃고, 최악의 유배지인 제주도에서 8년을 보냈다. 유배지에서 돌아오자마자 다시 차디찬 북녘으로 3년의 유배를 떠났다.

그는 유배지에서 상우와 함께 지내기도 하고 떨어져 있을 때는 편지를 보내 글과 그림을 가르쳤다. 상우뿐만이 아니었다. 서자는 집안의 대를 이을 수가 없어 양자를 들였는데, 양자 상무에게도 수시로 편지를 전하며 글공부를 가르쳤다. 기걸이 장대해서 장군의 풍모를 지니고 있던 김정희는 외모와는 다르게 아내에게 "여름이라 참외가 맛있을 테니 자시기 바라오"라며 살가운 편지를 수시로 보냈다. 나중에는 손자와 손녀의 장래와 글공부를 챙긴 세심한 할아버지였다.

1853년, 마침내 그는 북청 유배에서 풀려났다. 죽음을 예감했을까. 김정희는 과천 관악산 기슭에 있던 아버지 묘소 옆에 초막을 지어 수행하면서 남은 삶을 보냈다. 끝내 명예회복을 하지 못하고 눈을 감은 아버지, 평생을 그리워한 아버지 곁에서 생을 마감하고 싶었을 것이다. 김정희는 죽기 두 달 전에 유언과 같은 마지막 글을 남기고 홀연히 떠났다.

> 훌륭한 모임은 부부와 아들딸 손자면 족하다.
> 이것이 시골 늙은이의 가장 큰 즐거움이다. 비록 허리에 커다란 황금인을 차고, 음식상을 한길 높이로 차리더라도 이 맛을 즐길 수 있는 이는 과연 몇이나 될까.

이조판서지금의 행정안전부장관까지 올라 출세했지만 정적들로 인해 10년 이상을 유배지에서 보냈던 천재 서예가, 김정희. 권력의 정점에서 한순간에 추락해 온갖 치욕과 시련을 견뎌냈던 그는 알았다. 부귀영화도 권력도 파도가 밀려오면 한 순간에 사라져버리는 모래성이라는 것을. 진정한 삶의 행복은 가족의 화목과 사랑이라는 것을 말이다.

PART 08

명문가의 교육은 무엇이 다른 걸까

명문가는 말 그대로 사회적으로 뛰어난 인재를
배출하며, 명망을 갖춘 집안을 가리킨다.
지금 우리가 살아가는 이 시대에도 명문가는
계속해서 탄생하고 있다.
21세기 명문가를 탄생시킨 부모들은
어떻게 자녀들을 세계적 리더로 키워낸 것일까?
그들의 자녀교육에서는 공통점이 발견된다.
모두 밥상머리교육을 충실히 해왔다는 것이다.

철학이 있는 가풍 속에서 남다른 아이가 자라난다

장재식 가문

2010년, 영국의 자존심이라 할 케임브리지대학교University of Cambridge에서 한국인이 새로운 역사를 썼다. 700년 역사상 처음으로 형제 교수가 탄생한 것이다. 그 주인공은 장하준 케임브리지 경제학과 교수와 장하석 과학철학과 교수이다.

장하준은 《나쁜 사마리아인들》, 《사다리 걷어차기》 등 신자유주의를 날카롭게 지적한 저작으로 세계적인 경제학자의 반열에 오른 인물이다. 그는 초등학교 3학년 때부터 어른 책을 읽기 시작해 1시간에 250쪽을 읽는 속독을 했으며, 다양한 책을 읽어 다독왕으로 유명했다고 한다. 서울대를 졸업하고 케임브리지대로 유학을 가려했으나 세계 200위권 밖의 대학 출신이라고 해서 처음에는 입학허가를 받지 못했다. 우여곡절 끝에 졸업장이 아닌 수료증을 주는 조건으로 입학 허가를 받은 그는 일 년 만에 석사학위를 받아 자신을 증명했다. 바로 박사 과정에 진학해 학위를 받기도 전에 이미 경제학과 교수로 임용되었다. 당시 그의 나이는 불과 27세였다. 사람들은 그를 타고난 천재라고 하지만 처음 유학 갔을 때는 영어 교과서 한 페이지를 읽는 데 30분 이상이 걸렸다고 한다. 그러나 남들보다 몇 배의 시간을 투자해 공부하고 노력한 결과, 조기졸업으로 이어졌다.

동생 장하석도 만만치 않다. 미국의 명문고 마운트 허먼으로 유학을 가서 2년 만에 수석 졸업하고 캘리포니아 공대California Institute of Technology에 입학했다. 세계적인 수재들이 모이는 그곳에서 하루 2시간만 자면서 공부에 매진했다고 한다. 이후 지도교수의 조언에 따라 스탠퍼드대에서 과학철학을 전공하고 박사학위를 받았다. 그는 10년 동안 '온도계가 발명되기 전에 인류는 어떻게 온도를 측정했을까?'를 연구했다. 마침내 2007년에 저서 《온도계의 철학Inventing Temperature》을 통해 연구결과를 발표하고, 그 해 한국인 최초로 세계 과학철학 분야 최고 권위를 인정받는 러커토시상Lakatos Award을 수상했다.

형제의 천재성은 그저 주어진 것이 아니다. 장엄한 한강의 발원지가 태백산의 검룡소이듯이, 그 신화의 바탕에는 대대로 내려오는 부모의 밥상머리교육이 있었다.

위대한 가문에는 철학이 있다

공부 하나로 일약 세계적 형제로 떠오른 장하준, 장하석의 아버지는 장재식 전 산업부장관이다. 장재식은 서울대 법학과 재학시절 그 어렵다는 고시를 딱 4개월 공부하고 수석 합격해 주위를 놀라게 했다. 그의 두 아들은 성공비결을 아버지로 꼽는다. 이유는 장재식의 집안 내력을 보면 알 수 있다. 장재식의 집안은 호남 제일의 명문가로 불린다. 이유는 두 가지다. 나라가 어려울 때 기꺼이 자신을 희생한 인물이 많았고, 나라가 평화로울 때는 수많은 인물을 배출하였다.

진정한 명문가는 나라가 어려울 때 증명된다. 예전부터 장재식 가문은 호남지역의 거부였다. 지킬 것이 많은 사람들은 신중하지만 이 집안은 그렇지 않았다. 장재식의 할아버지 장진섭은 병준, 병상, 홍재, 홍렴 등 4형제를 두었다. 당시 우리나라는 일본에 강제로 나라를 빼앗겼던 시기였다. 형제들은 용감했다. 그들은 모두 목숨을 내놓고 독립운동에 자신을 던졌다. 장남 장병준은 중국 상해로 건너가 김구와 함께 독립운동을 했고, 장재식의 아버지인 둘째 장병상은 대한민국 임시정부에 비밀 군자금을 대는 아주 위험한 임무를 맡았다. 셋째 장홍재는 항일운동을 하다가 꽃다운 나이에 산화했고, 넷째 장홍렴은 만주독립군으로 활약했다.

일본이 패망하고 해방되었으나 평화는 잠시뿐이었다. 다시 6·25 전쟁이 터졌다. 독립운동을 했던 1세대에 이어 이제는 2세대가 나라를 구하기 위해 삶과 죽음이 공존하는 전장을 내달렸다. 6·25 전쟁의 전사자는 178,569명에 이른다. 장재식의 아버지 장병상은 언제 죽을지도 모를 4형제 모두를 전장으로 보냈다. 장남 장정식은 군의관으로 참전했다. 둘째 장충식은 미군 소속으로 참전하여 압록강 전투에서 기관총에 맞아 쓰러졌다. 전우들은 모두 죽은 줄 알고 그곳을 떠났지만 뒤늦게 온 미군이 발견하여 다행히 살아났다. 당시 고등학생이었던 셋째 장영식과 중학생이었던 장재식은 학도병으로 지원해 자기 키만 한 총을 끌고 다니며 낙동강 전선에서 전투를 치렀다. 빼앗긴 들에 봄이 왔지만, 봄을 느낄 수는 없었던 시절. 그 시절의 진실을 우리 모두가 안다. 나라를 구하는 길이 내 가족을 구하는 길이고, 그 길은 평화의 길이었음을. 또한 우리 모두는 알고 있다. 그럼에도 불구하고, 모두가 그 길을 선택했던 것은 아니었음을.

전쟁이 끝나고 평화가 온 듯했지만 군사 독재정권이 시작되었다. 이제는 3세대가 바통을 이어받았다. 압록강 전투에서 기적처럼 살아 돌아온 장충식의 맏딸 장하진과 장하성은 민주화 운동에 열정적으로 참여했다. 그런 힘이 모여 독재정권이 사라진 이후에 장하진은 '여성 정치세력 시민연대'를 만들어 여권 신장과 차별 해소를 위한 사회운동을 하고 훗날 여성부 장관에 올랐다. 장하성은 고등학생 때부터 민주화 운동에 참여했고 고려대 교수가 되어서 소액주주 등 경제 민주화 운동을 실천하며 우리 사회에 큰 반향을 일으켰다. 시민의 촛불 혁명으로 탄생한 문재인 정부에서 그는 초대 청와대 정책실장에 임명되었다. 장하준은 세계적인 경제학자로 소득 재분배와 빈부격차 해소, 평등한 출발 기회 제공을 연구하며 세상을 변화시키고 있다.

오늘날 호남 제일의 명문가로 우뚝 선 장재식의 집안은 1대가 모두 독립운동에 투신했고, 2대는 모두 6·25 전쟁에 참전했다. 3대는 독재정권에 맞서 민주화 운동을 했고, 이후에는 사회를 변화시키는 데 적극적으로 참여하고 있다. 이런 명문가가 없었다면 아직도 우리는 자유와 평화를 위해 싸우며, 이상화 시인의 '빼앗긴 들에도 봄은 오는가'를 부르짖고 있을지도 모를 일이다. 그리고 그들이 있기에 세상은 조금씩 살만해지고 있다.

공부하는 아버지를 보고 자라다

장하준, 장하석 교수는 어릴 때부터 공부하는 아버지를 보고 자랐다. 지금도 장재식의 자동차에는 항상 20여 권의 책이 실려 있다고 한다. 그는 어디에서나 틈만 나면 책을 본다. 책상에는 밑줄 쳐진 신문 사설이 수북하다. 한 번은 차를 타고 가다가 비서에게 "저 건물은 처음 보는데 언제 생겼는가?"라고 물으니 비서가 웃으며 "3년 전에 생겼습니다"라고 말했다고 한다. 늘상 다니는 길의 창밖 풍광을 모를 정도로 차 안에서 책만 보았던 것이다. 그 정도로 지독한 독서광이다. 이런 아버지를 보고 자란 장하준과 장하석이 책을 좋아하는 것은 당연한 일이다.

나 또한 아버지의 영향으로 책을 좋아하게 되었다. 우리 아버지는 중졸 학력으로 배움이 길지 않았던 분이지만 책과 신문, 때로는 잡지를 자주 읽었다. 내가 열 살 무렵에 아버지는 잡지에 응모하여 소박한 상품을 받았는데, 평소 무표정한 분이 아이처럼 기분 좋아하던 모습이 지금도 생생하게 기억난다.

아버지와 어머니는 내게 단 한 번도 '책을 읽어라, 공부해라'라고 말한 적이 없다. 솔직히 말하면 그건 나를 배려해서라기보다 두 분 모두 공부에 큰 관심이 없었기 때문으로 생각된다. 그나마 내가 책을 가까이하게 된 것은 아버지가 집에서 무언가 읽는 모습을 자주 보았기 때문이다. 부모의 행동을 자녀가 거울처럼 따라 하는 것을 심리학에서는 '미러링 효과'라고 한다. 나는 어릴 때부터 책을 좋아했지만 집안 사정으로 인해 집에는 내가 읽을 만한 책이 없었다. 가끔 동네를 어슬렁거리다 버려진 책을 발견하면 얼른 집으로 가져와 쿵쾅대는 가슴을 안고 읽은 기억이 난다.

책 읽는 부모를 보고 자란 자녀들이 책에 호감을 느끼고 좋아하는 것은 너무나 자연스러운 일이다. 지금 비 오는 풍경을 보며 글을 쓰고 있는데, 얼마 전 딸 지유가 내게 했던 말이 떠오른다. 그날도 비가 내렸다. 우리 가족은 식탁에 둘러앉아 함께 책을 읽고 있었는데, 문득 지유가 "비 오는 날에 책을 읽으면 무척 기분이 좋아져요"라고 말했다. 지유의 그러한 감성은 내게서 영향받은 것이 틀림없다. 나도 그랬으니까.

장재식은 자녀가 훌륭한 사람으로 성장하는 것은 '운칠기삼', 즉 운이 70%이고 노력이 30%라고 말했다. 그러나 나는 그렇게 생각하지 않는다. 부모의 영향이 70%, 자녀의 노력이 30%라고 생각한다. 대부분의 부모들은 아이가 스스로 공부하고 책을 읽기를 원한다. 아마도 이 글을 읽고 있는 당신도 그럴 것이다. 그렇다면 먼저 공부하고 책을 읽으시라. 가장 효과가 빠른 방법이다. 이건 부작용도 없다.

취미와 운동은 필수다

장재식은 태권도 6단에 바둑은 아마 7단이다. 아코디언을 즐겨 연주하고 음악을 자주 듣는다. 독서에 시간을 쏟는 만큼 스포츠와 음악을 즐긴다. 어린아이가 올바른 어른으로 성장하기 위해서는 무엇보다도 독서, 운동, 취미가 꼭 필요하다. 조벽 교수는 "인성이 실력이다"라고 말했다. 인간 고유의 성품인 인성을 잘 갖추기 위해서는 공부만 해서는 안 된다. 우리는 그동안 공부만 잘하는 이기적인 사람들이 세상을 어지럽히고 높은 자리에서 갑질해대는 꼴을 수없이 봐왔다. 그들에게 부족한 것은 무엇인가? 바로 타인을 배려하는 마음이다. 스포츠는 규칙이 있고 상대방과의 소통을 통해 경기가 진행된다. 축구, 야구와 같은 운동은 서로 돕고 협력해야 승리할 수 있다. 아이들은 스포츠를 통해 인성, 협력의 정신을 키우고 무엇보다 소중한 체력을 기른다. 취미생활은 사람의 인성과 감성을 따스하게 만들어준다. 장재식은 그 사실을 누구보다 잘 알고 있었고 하준과 하석에게 늘 '공부만 하지 말고 취미와 운동을 즐겨야 한다'고 조언했다.

장하준은 아버지의 영향으로 그림과 만화 그리기를 취미생활로 삼아 스케치 능력이 상당한 수준이고, 음악도 무척 좋아한다. 장하석은 수영과 테니스 등 다양한 운동을 좋아하는 만능 스포츠맨이다. 미국에서 고등학교를 다닐 때는 매일 50km를 자전거로 통학했다. 캘리포니아 공대 시절 하루 2시간씩 자며 공부에 매진할 수 있었던 것도 성장기에 다져놓은 체력 덕분이었다. 공부든 독서든 체력이 없으면 금방 집중력이 떨어진다. 체력이 좋아야 책상 앞에서 오래 버틸 수 있기 때문이다.

돈보다 더 귀중한 유산, 위대한 가르침

장재식의 집안은 호남에서 알아주는 거부였다. 그러나 그는 아버지로부터 돈이 아닌 검소함을 물려받았다. 그는 평생을 검소하게 살았다. 재테크에 능할 수밖에 없는 국세청 차장과 주택은행장 시절에도 20평 남짓한 작은 아파트에서 살았다. 이후 장관을 하고, 3선의 국회의원을 했지만 그는 늘 한결같은 모습이다. 장하준과 장하석이 한창 공부를 하던 중요한 시기에도 집에 제대로 된 책상 하나가 없었다. 가족 식사가 끝나면 밥상은 책상으로, 다시 책상이 밥상으로 활용되었다. 장하준과 장하석은 밥상에서 공부하며 전교 1등을 한 번도 놓치지 않았다.

장재식은 검소함을 아이들에게 말로만 교육한 것이 아니라 일상생활에서 몸소 보여주었다. 교육학에서는 이런 것을 '체화된 학습'이라고 한다. 보고 듣고 느끼며 완전히 자기의 일부로 만드는 교육이다. 부모가 솔선수범하여 말이 아닌 행동으로 보여주면 자녀들은 체화된 학습을 경험한다. 자신의 몸에 체화된 학습은 평생을 가고 그것을 보고 성장한 후손들은 또다시 체화한다. 이것이 명문가 밥상머리교육의 공통적인 특징이다. 실천을 통해 행동으로 보여주는 교육은 자연스럽게 대물림된다. 장재식은 한국경제신문과의 인터뷰에서 다음과 같이 말했다.

> 집사람도 사치라는 걸 모릅니다. 내가 존경하는 게 바로 그런 점이에요. 결혼할 때 제가 5부(0.5캐럿)짜리 다이아몬드 반지를 해줬는데 그마저 도둑맞아 없고, 지금은 그 흔한 반지·목걸이 하나가 없어요. 요즘엔 남대문 시장에 가서 5천 원, 1만 원짜리 옷을 사서 입습니다. 그런데 남들은 어디서 그렇게 좋은 옷을 사 입었느냐고 합니다(웃음). 하준이와 하석이도 어렸을 때 나이키 신발 한 번 신어본 적이 없어요. 하석이가 런던대 교수로 있을 때 제가 자동차를 하나 사주겠다고 했더니 필요 없다고 그러더라고요. 그 녀석은 휴대전화도 작년에 샀을 정도입니다. 대단한 놈이에요(웃음).

부자의 위대한 유산은 돈이 아니라 검소함이었다.

장재식 가문의 사례를 통해 알 수 있듯, 명문가를 만드는 것은 돈이 아니라 철학이다. 인성을 우선시하고 개인의 영달이 아닌 사회적 소명을 추구하는 가풍 속에서 아이들은 그에 합당한 훌륭한 인재로 자라난다.

'나는 우리 아이를 어떤 가풍에서 자라게 하고, 또 무엇을 유산으로 남길 수 있을 것인가?' 생각해보기를 바란다.

기본을 갖춘 사람으로 키우는 것이 먼저다

발렌베리 가문

어른들을 위한 동화책 《어린 왕자》는 160개 국가에서 번역되어 1억 4천만 부 이상 판매된 최고의 베스트셀러 중 하나이다. 저자 앙투안 드 생텍쥐페리는 이렇게 말했다.

"배를 만들고 싶다면 사람들에게 목재를 준비시키거나 일을 지시하거나 일을 나누는 일을 하지 말라. 대신 그들이 저 넓고 끝없는 바다에 대한 동경심을 갖도록 하라."

생택쥐페리의 명언을 실천한 가문이 있다. 바로 스웨덴의 발렌베리 그룹이다. 낯선 이름이지만 그들이 소유한 기업들의 이름을 들으면 고개가 끄덕여진다. 전투기와 자동차를 만드는 사브, 통신장비 업체 에릭슨, 가전시장의 절대강자 일렉트로룩스 등 세계 1위 기업 5개를 보유한 유럽 최대의 그룹이다. 발렌베리 그룹은 발렌베리 가문의 것으로, 5대에 걸쳐 150년간 경영하고 있다. 발렌베리 가문의 성공 비결은 철저한 자녀교육에 있다. 그들의 독특한 자녀교육이 없었다면 오늘날 돈 많은 가문으로 인정받을지는 몰라도, 스웨덴 국민은 물론 전 세계인에게 존경받는 명문가는 되지 못했을 것이다.

스스로 인성과 능력을 입증하게 하는 자녀교육

발렌베리 가문의 자녀들은 자신의 능력을 스스로 입증해야 경영에 참여할 수 있다. 능력 입증에는 다음 네 가지 조건이 필수다.

첫째, 스웨덴의 해군 장교로 복무해야 한다.

둘째, 부모의 도움을 받지 않고 명문대를 졸업해야 한다.

셋째, 해외 유학과 국제적인 회사에 취직해서 가서 다양한 인적 네트워크를 구축한다.

넷째, 돈을 벌면 사회에 기부한다.

평소 삼성그룹의 이건희 회장은 세계적인 명문가로 인정을 받고 있는 발렌베리 가문에 관심이 많았다. 2003년에는 발렌베리 가문을 공식적으로 방문하기도 했다. 그는 국민들에게 5대에 걸쳐 150년 동안 명문가로 인정받는 발렌베리의 비결이 궁금했을 것이다. 그러나 그 비결은 알았지만 실천하지는 못했다. 이건희 회장은 건강이 악화되어 장남 이재용 부회장에게 경영권을 물려주었으나, 안타깝게도 삼성그룹 후계자 중 최초로 법정구속을 당하는 불명예를 남겼다. 2017년 1월에는 한화그룹 김승연 회장의 셋째 아들 김동선이 음주폭행으로 구속되기도 했다. 부자가 3대를 가기는 힘들다는데 공교롭게도 구속된 이재용과 김동선은 모두 3대다. 한국의 경제를 위해서라도 그들이 언젠가는 명문가로 인정받는 날이 오기를 기대해본다. 우리에게는 왜 존경받는 기업인이 없을까? 발렌베리 그룹에는 있지만, 우리에게 없는 것. 그것은 치밀한 자녀교육 프로그램과 밥상머리교육이다.

해군 장교로 복무하는 것이 가문의 전통

발렌베리 그룹을 창업한 안드레 발렌베리Andre Oscar Wallenberg는 어린 시절 성적이 좋지 않아서 집안의 말썽꾸러기 취급을 받았다. 그러나 17세에 해군 장교로 입대해 강인한 정신과 의지를 배우면서 잠재된 능력을 발휘하기 시작했다. 그는 장교로 복무하며 국가에 대한 애국심을 가슴 깊이 새겼고 사회적 책임과 공적인 삶에 대해 성찰했다. 또 전 세계의 바다를 항해하는 해군의 특성상 다양한 국가들을 방문하며 국제적인 감각을 자연스럽게 익혔다.

그는 1856년 전역하고 발렌베리 그룹의 모태인 스톡홀름엔스킬다 은행을 창업하였다. 그가 군인에서 은행가로 변신한 것은 해군 장교로 미국을 방문했을 때 금융업에 대한 희망을 보았기 때문이다. 발렌베리는 해군 장교로 복무하며 애국심, 열악한 환경을 극복하는 인내심과 강인한 의지, 리더십, 국제적 감각을 익혔고 자녀들에게 이보다 더 좋은 교육은 없음을 깨달았다. 이후 그는 자녀들이 해군 장교로 복무토록 하는 가문의 전통을 만들었다.

나는 19세에 육군 하사로 입대해서 36세에 육군 상사로 전역했다. 입대 이후 놀랐던 것은 육군이라는 조직이 상당히 구조화되어 있으며 오히려 어떤 부분에서는 민간보다 더 뛰어난 효율적인 업무방식을 가졌단 점이다. 물론 단점도 아주 많다. 강압적이고 불합리한 환경 속에서 성과를 내야 하는 경우도 많지만 그 또한 반면교사로 삼을 만한 귀중한 배움이었다. 군대 전역 후에 대학교 교수를 거쳐 국회에서 서기관으로 공직을 수행했는데, 군대 간부로 복무한 경험이 여러모로 도움이 되었다. 우리나라에서 가장 큰 조직이 어디냐고 물으면 대부분이 삼성그룹이라고 생각하지만 사실은 육군이다. 육군은 무려 43만 명 이상이 근무하는 대규모 조직으로 그 역사가 70년이 넘었다. 육군에 근무한다는 것은 오랜 세월 동안 발전시킨 치밀한 조직관리법, 성과관리법, 교육훈련 방식, 리더십을 온몸으로 체득하고 경험하는 것이다.

특히 한국의 청년들은 중·고등학교를 거쳐 대학교까지 시험과 입시에 치여 자신의 삶을 돌아보는 성찰의 시간이 부족하다. 그러다가 부모 곁을 떠나면 비로소 자신의 삶이 보이고 앞날을 진지하게 고민한다. 내가 본 많은 청년들이 낯선 군대에서 비로소 자신의 삶을 돌아보고 '이제 어떻게 살 것인가?'를 생각한 끝에 새로운 길을 선택했다. 자신을 성찰하니 성적에 맞춰 입학한 대학교와 그 전공이 실은 자신과 맞지 않다는 사실을 깨달은 것이다. 특히 장교와 부사관으로 근무하면 다양한 경험을 단시간에 할 수 있다. '안 되면 되게 하라'의 군대 정신은 정글 같은 사회생활을 슬기롭게 헤쳐나가고, 언젠가는 반드시 마주하게 되는 인생의 고난을 극복할 때 꼭 필요한 정신이다. 그래서 군대를 인생 대학이라고도 한다. 그러니 자녀들을 군대에 보낼 때는 입대가 아닌 입학이라고 생각하면 어떨까?

실제로 발렌베리의 자녀들은 글로벌 기업을 운영하기 위한 국제적인 안목과 지식, 조직관리, 리더십을 해군 장교로 복무하면서 습득한다. 이와 비슷한 사례가 우리나라에도 있었다. SK그룹 회장의 장녀 최민정 씨가 해군 장교로 자원 입대해 국민들에게 소소한 감동을 준 것이다. 한국은 이스라엘과 달리 여성의 군대 복무가 의무가 아님에도, 그녀는 왜 반대하는 가족들을 설득하면서까지 해군 장교로 갔을까? 그녀는 다음과 같이 말했다.

"무엇이 되고 싶다기보다 무슨 일을 하고 싶다가 중요하다."

그녀는 베이징대 유학시절에 집에서 돈을 한 푼도 받지 않고 편의점 아르바이트, 레스토랑 서빙으로 직접 돈을 벌어 생활하여 오히려 어머니를 걱정시켰다고 한다. 장래가 기대되는 이유다. 그녀가 해군 장교로 복무하며 얻은 유·무형의 경험들은 훗날 본인의 인생에 큰 자산이 될 것이다.

자긍심의 원천은 소명의식과 책임감

발렌베리 그룹은 유럽 최대의 기업답게 스웨덴 GNP 3분의 1에 달하는 돈을 번다. 따라서 발렌베리 가문의 재산도 수조 원을 훌쩍 넘을 것 같지만, 실제 발렌베리 그룹 경영진의 재산은 200억 원에 불과하다고 한다. 유럽 최대의 재벌이지만 스웨덴의 100대 부자 목록에서 발렌베리가의 후손은 단 한 명도 찾아볼 수 없다. 이유는 수익의 85% 이상을 사회에 환원하기 때문이다. 발렌베리 그룹보다 규모가 작은 한국 기업가들의 재산이 수조 원대에 이르는 것을 보면, 얼마나 많은 돈을 사회에 기부하는지 알 수 있다.

발렌베리의 후계자들은 특권 대신 책임감을 선택하며, 그것이 곧 그들 가문의 자긍심이자 스웨덴의 자긍심이 되고 있다. 발렌베리 가문이 150년 동안 5대를 이어서 존경받는 이유는 자녀교육을 통해 돈을 버는 방법보다 돈을 의미 있게 쓰는 방법을 가르쳐왔기 때문이다. 또한 발렌베리 그룹은 노조 대표를 이사회에 중용하고 참여시켜 노동자를 단순 직원이 아닌 경영의 파트너로 존중한다. 직원들은 경영진의 존중과 배려를 받고 이를 나중에 몇 배로 돌려준다. 창업자 안드레 발렌베리의 아들 크누트는 1917년 4조 원의 전 재산을 기부해 재단을 설립하고 대학교와 도서관을 만드는 등 여러 공익사업을 했다. 현재 스웨덴의 수도 스톡홀름에는 그의 동상이 있다.

발렌베리의 후손 라울 발렌베리는 외교관으로 활동하면서 독일의 유대인 학살에 직접 맞서 싸워 가장 많은 유대인을 구출한 사람으로 평가받는다. 그가 외교관이 되기로 결심한 이유는 독일의 유대인 학살을 막기 위해서였다. 라울 발렌베리가 여권 발행으로 구출한 유대인은 3만 3천여 명에 달하며, 독일군 사령관에게 '전범으로 고발하겠다'고 협박해 가스실에서 구출해낸 숫자는 7만 명에 이른다. 이처럼 2차 세계대전 중에 외교관이었던 라울 발렌베리는 목숨을 걸고 약 10만 명의 유대인을 홀로코스트에서 구했다.

성적보다 강조되는 인적 네트워크

사회생활을 하다 보면 실력보다 인적 네트워크가 통하는 경험을 많이 한다. 사람 사는 세상에서 아는 사람에게 더 마음이 가는 것은 당연한 이치 아닌가. 미국은 대학 입학, 취업, 공직 진출을 할 때 추천서가 필요한 경우가 많다. 한국에서도 마찬가지다. 공직 진출, 취업, 교수 임용 등에서 '평판조회'는 최종 선택을 결정하는 중요한 자료가 된다. 평판조회는 평소 그 사람의 인간관계와 업무능력을 인적 네트워크를 통해 알아보는 것이다. 자신의 회사를 운영하는 기업가도 마찬가지다. 실력만으로는 금세 한계에 봉착한다. 실력과 인적 네트워크를 같이 보유한 사업가는 성공 가능성이 배로 높아진다.

인적 네트워크는 안 되던 일도 되게 하고, 되던 일도 안 되게 할 수 있는 막강한 힘이다. 특히 기업을 운영하는 기업가들에게 인적 네트워크는 곧 실력이고 사업의 성패를 결정짓는 기준이 된다. 세계 명문가들이 자녀들에게 공통적으로 교육하고 강조하는 것이 인적 네트워크를 만드는 일이다. 발렌베리 가문도 예외가 아니다.

발렌베리 가문의 자녀들은 해군 장교 복무를 마치면 와튼 스쿨 등 해외 유수대학에서 경영학 석사MBA를 마쳐야 한다. 그리고 전 세계의 돈, 정보, 사람이 모이는 월 스트리트, 런던 금융가의 금융 중심지에 취직해서 당대 최고의 경영수업을 받는다. 핵심적인 목적은 다른 국가의 정계, 재계와 국제적인 인적 네트워크를 구축하는 데 있다. 발렌베리 가문이 150년 동안 유럽 최대의 그룹을 유지할 수 있었던 것은 치밀하고 체계적으로 인적 네트워크를 구축하는 노하우를 자녀들에게 교육했기 때문이다. 공부보다 인적 네트워크 구축이 더 중요한 취급을 받는다.

함께 숲 속을 산책하며 교감하는 최고의 교육법

아버지와 아들이 고요한 숲 속을 거닐며 여러 대화를 주고받는 상상을 해보라. 그것이 무슨 내용이든지 아이들은 깊은 영감을 받을 것이다.

산책은 최고의 교육방법이고, 부모가 자녀에게 주는 최상의 선물이다. 남들은 일 년에 몇 번 하지 않을 가족 산책을 발렌베리 가문은 매주 일요일 아침마다 한다. 할아버지와 아버지는 아이들과 숲 속을 산책하며 발렌베리 가문의 전통과 역사에 대한 이야기를 들려준다. 그 순간 아이들은 가문에 대한 자긍심을 느끼고 자신의 진로와 미래를 진지하게 성찰하게 된다.

산책 교육은 과학적이다. 인간은 숲 속을 산책하면 본능적으로 마음이 정갈해지고 기분이 좋아진다. 숲 속에서 나오는 깨끗한 산소와 음이온을 흠뻑 마시면 뇌가 활성화되어 뿌듯한 기분이 느껴지기 때문이다. 위대한 철학자 아리스토텔레스는 자신의 제자들과 끊임없이 산책하며 철학을 논했는데, 이로 인해 사람들은 그들을 '소요학파' 라고 불렀다. 그 외에도 거의 모든 철학자와 과학자들은 산책이 취미이고 습관이다. 발렌베리 그룹의 창업자 안드레 발렌베리의 손자 마커스 발렌버그 2세는 회고록에서 이런 말을 남겼다.

"나는 어렸을 때부터 산책을 통해 그룹 업무를 접하게 되었다. 그러다 보니 점차 그룹 문제에 관심이 생겼고 아버지의 말씀을 경청하며 의논하는 단계에 이르렀다. 또한 할아버지는 나의 청년 시절 좋은 스승이었다. 할아버지와의 산책은 언제나 그룹에 대해 익히는 가장 효과적인 방법이었다."

이 같은 부모와의 산책을 통해 발렌베리가의 아이들은 자연스럽게 해군 장교로 복무해야 하는 이유, 자신의 재산을 사회에 환원하고 소명의식을 가져야 하는 이유, 또 자력으로 좋은 대학을 나와 인적 네트워크를 구축해야 하는 이유 등을 이해했다.

발렌베리가의 자녀교육은 끊임없이 스스로를 시험하고, 한계를 뛰어넘고,

또한 자기 희생을 실천하도록 한다. 훌륭한 방식이지만 어린아이들로서는 받아들이기 어려운 부분일지 모른다. 발렌베리 가는 산책 교육을 통해 소통함으로써 어린 시절부터 자녀들과 가문의 철학, 이를 위한 교육 방식을 설득하고 이해시켰다. 그렇기에 자녀들 스스로가 가문의 방식에 따라 자신을 증명하고 더 나아지기 위해 노력하게 되었다. 아무리 좋은 교육철학을 가지고 있다 해도 아이에게 일방적으로 강요한다면 지속적으로 실천될 수가 없다.

많은 부모가 아이를 훌륭하게 키우기 위해 노력하고, 이를 위한 기준과 목표를 세운다. 핵심은 아이에게 그 기준과 목표를 '요구'하는 것이 아니라, 아이와 함께 그것을 '공유'하고 이해시키는 것이다. 이를 위해서는 부모 스스로도 많은 노력과 인내가 필요하다.

명문가의 전통은 부모가 만드는 것이다

게이츠 가문

부자와 기부자는 한 끝 차이지만 다르다. 주위를 둘러보면 부자는 많아도 기부자는 별로 없다. 그런데 빌 게이츠Bill Gates는 세계 최고의 부자이면서 동시에 세계 최고의 기부자이다. 그의 기부 규모는 웬만한 국가의 원조 예산에 버금간다. 현재까지의 기부금액이 약 30조 원에 이른다. 그의 도움으로 새로운 꿈을 꾸고 삶의 희망을 노래하는 사람이 얼마나 많을까? 그래서 나는 윈도우MS Window가 업그레이드될 때마다 사용법이 어려워져도 결코 욕을 하지 않는다. 그건 순전히 빌 게이츠 때문이다. 그는 전 재산의 30% 이상을 기부하고 그 이상의 존경을 얻었다.

그러나 대부분의 사람들은 존경보다 돈을 택한다. 자기 재산의 30% 이상을 기부한다고 생각해보라. 그게 어디 쉬운 일인가 말이다. 빌 게이츠의 기부정신은 어느 날 갑자기 생겨난 것이 아니다. 그 근원은 빌 게이츠의 아버지는 물론이고 할아버지까지 거슬러 올라간다. 빌 게이츠의 아버지는 아내 메리와 함께 쓴 《빌 게이츠는 어떻게 자랐을까?》라는 책에서 다음과 같이 밝혔다.

> 우리 아이들은 내가 '나서기'(자원봉사, 기부활동)에 일종의 중독 증상을 보인다며 놀리기도 했다. 그랬던 아이들이 지금은 나의 '나서기' 습관을 꼭 빼닮은 것 같다. 내 기억에 내가 처음에 나서기 시작한 것은 어릴 적 내가 존경하던 사람들이 열심히 나서는 것을 보았기 때문이다. 우리 부모님은 '나서기'에 관한 한 10점 만점에 9점은 충분히 받을 분들이었다. 우리 아버지는 도움이 필요할 때 누구든 주저 없이 도움을 주는 분이었다.

자녀가 만들어준 장한 어머니상

빌 게이츠의 어머니 메리는 내성적인 성격의 남편과 아들 빌 게이츠를 위해 생활 속에서 다양한 이벤트를 마련해 다른 사람들과 쉽게 어울릴 수 있도록 배려했다. 빌 게이츠는 이런 경험을 통해 다른 가족으로부터 더 많은 것을 배우고 또 더 많이 사랑하는 경험을 할 수 있었다. 그는 "우리는 설거지를 재미있게 하려고 저녁식사 후 모든 가족이 둘러앉아 카드게임을 했다. 게임에서 이기는 사람은 설거지를 하지 않았다"며 그 시절을 추억한다. 그런 어머니를 닮았는지 아이들은 의미 있는 이벤트를 기획해 부모님을 깜짝 놀라게 만들었다.

1974년 아이들은 지역 신문사가 주최한 '올해의 장한 어머니상'에 메리(빌 게이츠의 어머니)의 이름으로, 그것도 메리 모르게 지원서를 냈다. 큰 딸 크리스티는 지원서에 지역사회를 위해 엄마가 했던 일들을 꼼꼼히 적었다. 그리고 이런 말을 덧붙였다. "세 자녀를 둔 우리 엄마는 자원봉사 일로 눈코 뜰 새 없이 바쁘지만 우리를 위한 시간만큼은 꼭 남겨 두세요." 그리고 아홉 살이던 리비는 언제나 활기 넘치는 엄마가 자신의 축구시합에도 와주고 볼링도 함께 친다고 썼다. 그리고 이 말도 덧붙였다. –추신: 꼭 우리 엄마가 뽑힐 거예요!–

— 《빌 게이츠는 어떻게 자랐을까?》 빌 게이츠 시니어, 메리 앤 매킨 지음 중에서

그 해의 장한 어머니상은 빌 게이츠의 어머니 메리가 받았다. 메리는 학교에 부적응하는 아이들과 한부모 가정을 방문해 도왔다. 주립 아동병원의 자원봉사 리더로 활동하며 워싱턴주를 상대로 로비를 펼치기도 하였다. 나중에는 미국의 자원봉사 단체인 유나이티드웨이 이사로 활동하며 후원단체였던 IBM 회장 오펠과 인연을 맺었다. 당시는 빌 게이츠가 이제 막 마이크로소프트를 창업해 IBM과 합작 프로젝트를 하기 위해 제안서를 넣었을 때였다. 제안서를 받은 IBM 오펠 회장은 이렇게 말했다고 한다.

"아! 이 친구가 바로 그 메리 게이츠의 아들이군요."

빌 게이츠는 어머니에게 이런 말을 들으며 자랐다.

"이번 크리스마스에 네 용돈의 얼마를 구세군에 기부할 생각이니?"

오펠 회장은 '이런 어머니 밑에서 자란 아들이라면'이라고 생각하지 않았을까? 실제로 프로젝트는 성사되었다.

명문가의 저녁 밥상에는 특별한 공통점이 있다

톨스토이는 "행복한 가정은 모두 비슷하지만 불행한 가정은 그 이유가 각자 다르다"라고 말했다. 그렇다면 행복한 가정의 비슷한 점은 무엇일까? 밥상머리교육을 연구하면서 수많은 명문가들을 살펴보았는데 하나같이 저녁 밥상의 풍경이 똑같았다. 명문가들은 저녁 밥상을 지식과 지혜를 나누는 공간으로, 대화와 소통의 시간으로 활용하고 있었다. 빌 게이츠의 아버지는 이렇게 기억하고 있었다.

"우리 집에서는 저녁식사 대화 도중 잘 모르는 단어가 나오면 가족 중 누구라도 자리에서 일어나 부엌 옆의 서재로 갔다. 그리고는 대형 사전을 펼쳐 들고 단어를 찾아 큰 소리로 모두에게 뜻을 읽어주었다. 이런 경험을 통해 트레이빌 게이츠의 어린 시절 이름는 어떤 문제라도 그에 대한 답은 반드시 존재한다는 것, 그리고 그것을 반드시 찾을 수 있다는 믿음을 갖게 되었다."

나는 이 말을 듣고 무척 놀랐다. 우리 집의 풍경과 너무나 비슷했기 때문이다. 우리 집은 함께 식사하며 다양한 대화를 주고받는다. 아이들이 모르는 단어를 물어보면 나와 아내는 바로 정답을 말해 주지 않는다. 그 단어를 스스로 알 수 있도록 하거나 예상해서 말하도록 다시 질문한다. 둘째 찬유는 가끔씩 "아빠는 이상해. 질문을 하면 답을 해주지 않아"라고 투덜대기도 하지만 이제는 스스로 궁금증을 해결하는 것이 습관으로 자리 잡았다. 나는 이런 습관이 아이의 문제해결력을 키운다고 확신한다.

간혹 대화 중에 나와 아내가 잘 모르는 단어가 나오거나 그 뜻은 알고 있지만 말로 표현하기 어려울 때면 아이들에게 스마트폰을 건네며 이렇게 부탁한다.

"단어를 검색해서 그 뜻을 읽어줘!"

빌 게이츠의 집에서는 대형 사전을 꺼냈지만 우리에게는 손안에 들어오는 스마트폰이 있다. 참 좋은 세상이다.

한편, 빌 게이츠의 아버지는 저녁 밥상에 지인들을 자주 초대했다. 대학친구, 학자, 회사, 공무원, 기업가 등 다양한 분야에서 성공을 거둔 사람들이었다. 어린 빌 게이츠는 그들로부터 삶을 대하는 긍정적인 태도와 시련에 주저앉지 않고 일어선 열정적인 이야기를 들었다. 게이츠가의 저녁 밥상은 늘 '질문이 있는 밥상'이었다. 어느 날 비영리단체에서 일하는 있는 어머니의 이야기를 듣고 빌은 이런 질문을 던졌다.

"어머니, 어떤 문제가 해결되지 않고 있나요? 이 문제를 더 악화시키는 다른 요인은 없나요? 누가 그걸 해결하려고 노력하고 있죠? 그들은 어떤 성과를 거두고 있나요? 결과에 대한 평가는 어떤 식으로 이루어지나요?"

모두 어떠한 문제를 해결하고자 하는 질문이었다. 좋은 질문은 기발한 생각을 부른다. 요즘도 빌 게이츠는 '생각하는 주간'이라는 뜻의 씽크위크Think Week를 두고 문제해결을 위한 여러 질문을 하고 답을 찾는다고 한다. 세계 최고의 부자이자 기부자가 탄생한 배경에는 저녁 밥상의 질문이 있었던 것이 아닐까?

질문하고 대화하는 것이 가족의 전통

빌 게이츠 가족에게는 책을 읽어주는 전통이 있다. 이 전통은 외할머니로부터 시작되었다. 자동차를 타고 여행을 가거나 목적지로 이동할 때면 아이들은 각자 책 한 권씩을 들고 탄다. 그리고는 운전을 하는 아버지를 빼고 돌아가며 책을 읽는다. 다 읽고 난 후에는 책의 내용에 대해 대화를 나눈다. 쉼 없이 대화하다 보면 어느새 목적지에 도착한다. 아이들은 지루할 틈이 없다.

우리 집에도 비슷한 전통이 있다. 차를 타고 한 시간 이상 이동할 때면 나는 아이들에게 질문을 던진다. 이게 생각보다 재미있다. 내가 질문을 던지면 아이들은 생각하고 말한다. 아이들의 말을 곱씹어 보고 나는 다시 질문을 던진다. 그렇게 질문하고 답하고 질문하고 답한다. 이 방법은 우리 집과 200km 떨어진 부모님을 찾아뵙는 등 장거리 여행 시 자주 써먹는 방법이다. 단점은 자동차 소음으로 목소리를 크게 내기 때문에 목이 조금 따갑다는 것 뿐이다. 이에 비해 장점은 셀 수 없이 많다. 졸음운전이 불가능하다는 것, 아이들의 생각이 쑥쑥 자라난다는 것, 끊임없이 소통한다는 것, 재미있다는 것 등등.

책 읽는 전통 외에도 빌 게이츠의 성장에는 외할머니가 많은 영향을 주었다. 그는 마이크로소프트를 창업하고 시련에 부딪히거나 새로운 아이디어에 대한 영감이 필요할 때면 외할머니를 찾아가고는 했다. 게이츠가는 일요일 저녁이면 친척들이 모여 함께 식사하는 전통이 있는데 이 또한 외할머니로부터 시작되었다. 게이츠가의 아이들은 이러한 전통을 통해 세대를 넘나드는 대화를 나누면서 기준과 목표에 관해 배우고, 윤리의식을 습득하였다. 한 마디로 저녁 밥상에서 사회성을 기른 것이다. 빌 게이츠의 아버지는 훗날 자서전에서 이를 통해 아이들이 삶의 기준을 세우고, 스스로를 잘 인식할 수 있게 되었다고 회고했다. 또한 "변화와 불확실성이 지배하는 세상에서 아이들이 영속성과 안정감을 가질 수 있게 되었다"라고 말했다. 살다 보면 수없이 많은 외부의 비바람에 시달리며 흔들리게 된다. 이럴 때 자신과 가치관을 공유하고 또한 어떤 일이 있어도 자신을 지지하는 가족이 있다는 사실은 아이들에게 큰 힘이 되어 준다. 이 같은 마음속 버팀목을 가진 아이는 문제해결력과 회복 탄력성이 높은 사람으로 자라난다. '가족 전통'이란 아이 내면에 깊은 뿌리를 내려주고 든든한 버팀목을 세워주는 것과 같다. 조부모와 부모, 친척과 형제 등 세대에서 세대로 이어지는 깊은 뿌리 위에서 자라났기에 오늘날 빌 게이츠라는 세계적 거목巨木이 존재할 수 있는 것은 아닐까?

빌 게이츠의 아버지는 말했다.

"내일이나 내년에 무슨 일이 일어날지 우리는 알 수 없다. 이때 가족 전통은 우리들의 삶에 예측 가능성을 부여해주고, 삶의 모습을 틀 잡아주는 이정표와 기틀의 역할을 한다. 그래서 아내와 난 우리 가족만의 독자적인 전통을 만들어갔다."

전통이란 별다른 것이 아니다. 부모가 만들어 온 가족이 함께 실천하고, 그것이 습관으로 자리 잡으면 자연스럽게 가문의 전통이 된다. 그렇게 자녀대에서 그다음 자녀대로 이어지는 과정에서 명문가가 탄생하는 것이다. 당신은 당신의 자녀와 그 후손에게 어떤 전통을 물려주려 하는가?

진심을 다할 때 아이는 부모 곁을 따른다

윤여준 가문

아들을 보내는 논산훈련소에 비가 내렸다. 떠나는 아들의 마음도 보내는 부모의 마음도 애틋하다. 비가 오는 황량한 연병장에 아들을 남겨두고 집으로 온 윤여준은 스산한 마음과 그리움을 글로 달래고 편지를 부쳤다.

> 아침에 너를 보내고 하루 종일 울적하다. 비가 질척하게 내리니 너는 어느 막사엔가 들어가 있겠지. 훈련소 막사 유리창 밖으로 떨어지는 빗줄기를 바라보는 심정은 안 겪어본 사람은 모른다. 한마디로 뭣 같지.
>
> —《현대 명문가의 자녀교육》 최효찬 지음 중에서

편지글에서 평소 윤여준과 아들의 관계가 잘 드러난다. 윤여준과 아들은 세상에서 가장 편안한 친구 사이이다. 윤여준은 입대하는 아들에게 자신의 군 시절 경험과 노하우를 자세히 알려주며 건강하고 의미 있는 시간을 보낼 수 있도록 조언해 주었다. 그 후로도 윤여준은 아들에게 편지를 쓰고, 부치고, 기다리며, 군 생활을 함께했다. 휴대폰이 없던 시절, 간혹 집으로 전화가 오면 아들은 아버지를 먼저 찾아 어머니를 서운하게 만들었다. 아들을 파파보이로 만든 윤여준의 비결을 알아보자.

무슨 일이 있어도 휴일은 가족과 함께

윤여준은 기자 생활을 하다가 김영삼 정부 때 청와대 공보수석으로 발탁됐다. 지금이나 그때나 청와대 직원들은 새벽 별을 보고 출근해서 별을 보고 퇴근한다. 대통령의 권위는 국민의 인기에서 나온다. 대통령과 정부의 홍보를 맡은 윤여준은 누구보다 바쁘게 살았다. 어느 날 골프를 배우라는 지시를 듣고 주말에 필드에 나갔는데 뙤약볕에서 잡초를 뜯으며 일하고 있는 사람들이 보였다. 누구는 땀을 흘리며 노동을 하고 있는데, 자신은 그 옆에서 골프채를 휘두르는 게 마음이 영 불편했다. 운동을 무척 좋아하는 그였지만, 골프는 자신과는 맞지 않다는 생각을 했다. 그리고 주말에 가족을 남겨두고 혼자 골프를 치고 있는 시간이 너무 아깝게 느껴졌다. 그는 스스로에게 약속을 하고 주위에 알렸다.

'주말에는 항상 아이들과 함께 시간을 보냅니다. 이건 저의 철칙입니다.'

사람들은 출세에 지장이 있다며 말렸지만 그는 약속을 한 번도 어기지 않았다. 그에게 출세보다 중요한 것은 아이들과 함께하는 시간이었다. 아이러니하게도 그 이후 윤여준은 환경부장관으로 영전했다. 그는 자신의 인생에서 가장 보람되고 잘 한 일은 '휴일에 아이들과 함께한 시간'이라고 늘 말한다.

최선을 다해 대화거리를 찾고, 토론거리를 만들다

윤여준은 아들 두 명과 친구처럼 지낸다. 이제 어른이 되었지만 만나면 이야기가 끊이지 않는다. 솔직히 부럽다. 나는 가끔 부모님을 찾아뵙는데 그때마다 어머니와는 이야기해도 아버지와는 거의 대화가 없다. 사실 안방에 아버지와 단 둘이 있으면 어색해서 말없이 TV만 본다. 비단 우리 집만이 아니라, 주변 가정에서도 흔히 보는 풍경으로 한국 사회에서 아버지와 아들의 사이는 멀고도 가까운 사이다. 그렇다면 아들과 친구처럼 지내는 윤여준의 비결은 무엇일까?

윤여준은 '좋은 아버지는 자녀와 대화를 많이 하는 아버지'라고 말한다. 대화를 많이 하면 서로에 대한 이해심이 커지고 소통하게 된다. 그는 대화하기 위해서는 대화거리를 의도적으로 만들어야 한다고 강조한다. 윤여준은 아이들과의 대화거리를 주로 책과 신문에서 뽑아낸다. 특히 신문에는 매일 새로운 이야기들이 쏟아져 나오기 때문에 그중에서 아이들이 흥미를 가질 만한 이슈를 찾아서 대화의 소재로 삼는다. 아이들은 아버지와 신문의 이슈를 가지고 대화하며 세상과 사람에 대해 알아간다. 아이들이 좀 더 크면 대화는 토론으로도 이어져 사고력과 발표력 향상에 큰 도움을 주기도 한다.

집안에서 책을 자주 읽는 윤여준을 보고 자란 아이들은 자연스럽게 책을 좋아하게 되었다. 책은 윤여준의 집에서 이야기의 중심에 있다. 윤여준은 자신이 읽은 책의 내용에 관한 이야기, 깊은 생각을 하게 한 문장 등을 아이들과 이야기 나눈다. 그리고 책에 등장하는 인물의 선택이 옳은 선택인지 그른 선택인지 아이들에게 의견을 묻기도 한다. 그는 아이들이 책을 읽고 나면 그 내용을 질문해서 책에 대한 내용을 스스로 곱씹어 보도록 도와주었다. 그 과정에서 윤여준은 아이들과 서로의 생각을 주고받으며 세상을 보는 다양한 시선과 비판적 사고력을 갖도록 했다.

일 년 동안 고3 아들의 하굣길을 함께 걷다

봄이 오고, 윤여준의 첫째 아들은 고3이 되었다. 새롭게 솟아나는 새싹과 아름답게 피어나는 꽃을 보고 있노라면 봄의 어원이 왜 '보다'인지 알 수 있다. 그러나 고3의 시선은 꽃보다 책을 향해 있다. 그런 아들이 가여웠는지 윤여준은 퇴근길에 발걸음을 돌려 아들의 학교로 향했다. 그리고 다짐했다. 아들이 고등학교 3학년을 무사히 마치는 날까지 하굣길을 함께하겠다고 말이다. 저만치서 지쳐 보이는 아들이 걸어오는 게 보였다. 아버지를 발견한 아들의 눈은 커졌고, 공부에 지친 무표정한 얼굴은 봄꽃처럼 활짝 펴졌다. 그런 아들을 보는 윤여준의 마음도 일상의 피로를 걷어내고 행복감으로 차올랐다. 아들과 아버지는 함께 걸었다. 그날부터 아들의 하굣길은 지친 에너지를 충전하는 길이 되었다.

그렇게 매일 교문 앞에서 아들을 기다리던 윤여준에 눈에 특히 들어온 풍경이 있었으니, 늘어선 학원차 행렬에 지친 모습으로 올라타는 아이들의 모습이었다. 학생들을 가득 실은 학원차가 출발하면 안타까운 마음이 들었다. 엄마나 운전기사가 와서 태우고 가는 학생도 여럿 보였고 혼자 걸어가는 학생들도 많았다. 그러나 아버지와 함께 걸어가는 경우는 한 번도 볼 수 없었다. 윤여준은 별이 보이는 늦은 밤에 아들과 하굣길을 걸으며 종종 동네 오락실에 들렀다. 아들의 하굣길은 아들만 위한 건 아니었다. 아들과 낄낄대며 오락을 한판 하고 나면 스트레스가 확 풀렸다. 그리고 2차는 포장마차로 갔다. 그곳에서 아들과 마주 앉아 뜨끈한 우동을 한 그릇 먹으며 오늘 있었던 이야기들을 나누면 세상 부러울 것이 없었다. 마침내 아들은 원하던 대학에 합격했고 '고3을 무사히 잘 보낸 것은 아버지 덕분'이라고 말해주었다.

윤여준의 자녀교육은 어찌 보면 평범하다. 그러나 그 평범함을 비범하게 만든 것은 바로 정성이다. 자녀를 사랑하는 마음은 누구나 진심이다. 그러나 그것을 신실하게 실천함으로써 아이에게 믿음을 주는 경우는 드물다. 많은 부모가 '휴일에는 온전히 아이에게 관심을 줘야지'라고 생각하면서도 여러 가지 일과 피곤함 등으로 다음 휴일을 기약하고, '나도 밥상머리에서 신문과 책을 가지고 아이와 대화를 나눠야겠다'고 다짐해놓고서 부모 자신의 게으름 때문에 그 약속을 깨고 만다. 이런 상황에서 아이에게 "넌 왜 부모 마음을 몰라주고 이러니", "책 한 권을 안 읽니" 말해봤자 공허한 훈계에 불과하다.

아이를 제대로 교육하고 싶다면 먼저 정성을 보여라. 말로 아이를 끌고 가는 것이 아니라 마음으로 아이와 함께 걸어라. 그렇게 되면 윤여준의 자녀들이 그러하듯, 당신의 자녀도 당신을 자신의 가장 좋은 친구로 여기고 진심으로 존경하며 따를 것이다.

명문가의 정신은 어떻게 이어지는가

간송 전형필 가문

간송 전형필. 그의 나이 24세. 갑자기 아버지의 유산을 받아 서울에서 손에 꼽히는 부자가 되었다. 그는 고민에 빠졌다. 이 돈을 어떻게 사용할 것인가? 당시는 일제 강점기였다. 나라의 주인이 없으니 수천 년 동안 전수되어 내려오던 문화재들이 일본으로 반출되고 있었다. 문화재는 민족의 혼이다. 그는 혼을 지키는 혼불이 되기로 결심했다. 그리고 움직였다.

한국 최초로 개인 박물관을 짓고 일본인의 손에서 떠돌아다니던 우리 문화재를 사들이기 시작했다. 훈민정음 해례본은 소장자가 부른 가격에 10배를 주고 사서 자신의 베갯속에 숨겼다. 당시 일제는 한글을 말살하기 위해 혈안이 되어 있었기 때문이다. 그뿐이 아니다. 일본에 있는 고려청자 20점을 사기 위해 현재 시세로 1,200억 원을 주고 매입했다. 그렇게 국보 12점, 보물 10점, 서울시 문화재 4점 등을 지켜냈다. 간송이 없었다면 지금 그 문화재들은 일본에 있을 것이다. 또 다른 이름의 독립운동이다. 간송의 실천은 민족혼을 일깨우고 문화재를 지켜내자는 울림으로 퍼져나갔다. 우리의 정신과 문화를 지켜낸 사람. 이제 간송은 우리 곁을 떠나고 없지만 그의 삶과 혼은 자녀들에게 면면히 전수되고 있다.

아버지가 만들어준 작은 서재

간송의 아버지 전영기는 아들이 스스로 책을 읽기 시작할 때를 기다렸다가 집안에 서가를 만들어주었다. 그곳은 비록 작았지만 사색의 공간이었다. 사람은 공간에 어울린다. 지금으로 말하면 재벌 2세였던 간송은 아버지가 일찍 돌아가셨다. 청년이었던 간송에게 돈은 독이 될 수도 있었다. 그러나 전 재산을 물려받은 그의 행보는 돈을 지키는 것도 아니었고, 돈을 쓰는 것도 아니었고, 돈을 버는 것도 아니었다. 그는 평생 우리 문화재를 지키는 일에만 돈을 사용했다. 돈을 제대로 쓸 줄 알았던 간송의 철학과 가치관은 아버지가 만들어준 작은 서가에서 나왔다.

간송은 서가에서 책을 읽고 좋은 구절이 나오면 먹을 갈아 글씨를 썼다. 글의 씨앗은 간송의 마음 밭에 뿌려졌고 지혜로 자라나 통찰을 맺었다. 아버지가 만들어준 작은 서가는 큰 재산보다 더 위대한 유산이 되었다. 처음에 여유가 있었던 서재는 간송이 읽는 책으로 점점 채워졌다. 간송은 독서를 통해 삶을 대하는 자신만의 생각과 태도를 완성해갔다. 우리 문화재를 지켜야 한다는 생각도 역사책을 읽으며 얻은 소중한 깨달음에서 시작되었다.

아이에게 잠재력을 키울 공간을 만들어주는 것은 명문가에서 발견되는 공통점 중 하나다. 미국 교육부에서 최고의 엄마로 선정된 전혜성은 여섯 명의 자녀를 모두 하버드대와 예일대에 보냈다. 그중에 두 명은 미국의 국무부 차관보와 보건부 차관보를 지냈다. 전혜성은 가난하게 살았지만 자녀의 눈길과 발길이 닿는 곳에 언제든지 앉아서 책을 읽을 수 있도록 공간을 재구성했다. 심지어 지하창고도 책을 읽는 공간으로 만들었다. 집안에 책상만 20개를 두었다. 전혜성의 바람대로 자녀들은 모두 책을 좋아하는 사람으로 자랐다.

로봇 계의 다빈치로 불리는 데니스 홍의 아버지 홍용식은 아들이 유치원을 다니기 시작할 때 집안에 작은 공작실을 만들어주었다. 아들은 공간에서 마음껏 상상하고 만들었다. 공작실에서 나무 조각을 톱질하던 아이는 세계에서 가장 주목받는 로봇 과학자가 되었다.

간송의 아버지 또한 공간이 아이를 만든다는 것을 잘 알고 있었다.

위대한 유산을 지켜낸 아버지의 어깨너머 교육

간송은 와세다 대학교에서 법학을 전공했다. 그러나 글을 쓰고 그림을 그리는 서화에 일가견이 있었다. 자연히 예술가들과 친밀하게 어울렸다. 특히 읽어버린 문화재를 되찾기 위해 당대의 예술가들에게 조언을 구하면서 간송의 집은 늘 북적거렸다.

어두침침한 중세를 걷어내고 문화와 예술을 화려하게 꽃 피운 르네상스는 이탈리아의 명문가 메디치 가문의 예술가 후원으로 시작되었다. 메디치 가문이 없었다면 오늘날 천재 화가로 일컬어지는 미켈란젤로도 빛을 보지 못했다. 한국의 메디치가는 간송 가문이다. 간송은 일제 시절 점점 사그라져 가는 우리 문화를 지켜내기 위해 본격적으로 예술가들을 후원하기 시작했다. 예술가들은 새벽부터 간송의 집을 찾았다. 간송은 아들 전성우가 일어나면 먹을 갈도록 시켰다. 먹을 다 갈고 나면 예술가들은 그림과 서화를 그려서 벽에 작품을 걸어두고 품평회를 가졌다.

간송은 아들 전성우에게 그 모든 과정을 지켜보도록 했다. 문화재를 지켜내려면 먼저 예술작품을 진정으로 좋아하는 마음과 진품을 가려내는 안목이 있어야 한다. 간송은 자신이 죽고 난 이후를 생각했을 것이다. 아들은 어깨너머로 예술작품을 배워 결국 화가의 길을 걷고 서울대 미대 교수가 되었다.

"어렸을 때 이런 경험 때문에 제가 화가가 되는 것은 아주 자연스러운 일이었어요. 제 주변에는 아버지와 인연을 맺은 무수한 예술가들이 절로 스승이 되어 주었어요."

전성우는 간송미술문화재단 이사장으로 아버지를 이어서 우리 문화재 지킴이 역할을 했다. 부자는 3대가 못 간다는 말이 있다. 주위를 보면 아버지의 유산을 후손들이 지키지 못하고 날려 버리는 모습을 숱하게 본다. 아들에게 새벽부터 먹을 갈게 하고 어깨너머로 자연스럽게 예술을 보는 눈을 키워준 간송의 현명한 자녀교육이 없었다면, 지금 그 문화재들은 간송박물관에 없을지도 모를 일이다.

집안에 중요한 손님이 오면 일부러 자녀들을 불러서 인사를 시키고 대화를 듣게 하는 '어깨너머 교육'은 오래전부터 있었던 자녀교육 방법이다. 20년 동안 매년 6권 이상 책을 펴내고 있는 공병호는 지인들에게 부탁해서 그들의 직업과 인생에 대한 스토리를 자녀들에게 들려주고 있다. 그 속에서 아이들은 세상에 대해 눈을 뜨고 자기만의 인생을 설계해간다. 생생한 배움의 현장이고 세상과 사람을 배우는 인문학이다. 비단 유명인이 아니라도 누구라도 할 수 있는 자녀교육법이기도 하다.

일요일을 가족문화의 날로 지정하다

간송의 집은 일요일이면 부산하게 돌아간다. 간송과 아이들은 그림을 그릴 도구를 챙기고 아내는 간식을 챙긴다. 간송은 일요일을 가족문화의 날로 지정하고 매주 가족을 데리고 야외로 나갔다. 늘 손님이 찾아오는 집을 잠시 떠나 온 가족이 오롯이 함께하는 소중한 시간이었다. 봄이 오면 이름 모를 들꽃을 마주하고, 여름이면 산사에서 차디찬 계곡 물소리를 들었다. 가을이면 고요한 산사에서 떨어지는 낙엽을 그리고 겨울이면 동산에 올라 눈꽃을 담았다. 아름다운 사계는 화폭과 아이들의 가슴에 담겼다.

이런 문화적 세례는 그대로 이어졌다. 간송의 손자 전인건은 어렸을 때 격주마다 어머니의 손을 잡고 여러 미술관에 들렀다.

> 어린 제가 그림 구경을 하느라 뒤처지곤 했는데 어머니는 한 번도 '빨리 걸으라'고 재촉하신 적이 없었어요. 아무리 오래 걸려도 제가 그림을 다 볼 때까지 기다려 주셨죠. 제가 묻기 전에는 그림에 대한 설명도 안 하셨어요. 스스로 그림을 감상하고 느끼라는 뜻이었죠.
>
> —《최고의 유산》 중앙일보 강남통신팀 지음 중에서

부모에게 문화예술의 세례를 듬뿍 받고 자란 아이들은 그 길을 걷는다. 전성우의 아내 김은영의 아버지는 시인 김광균으로 그녀 또한 시와 다양한 문화예술을 접하며 자라났다. 현재 그녀는 매듭장인으로 서울시 무형문화재이다. 큰딸은 국립박물관 학예관이고, 작은딸은 서울대에서 서양화를 전공하고 국민대 회화과 겸임교수로 있다.

세대를 넘어 이어지는 축적의 시간

전성우는 일찌감치 화가의 길을 선택하고 미국으로 유학을 떠났다. 한국인으로는 최초의 미대 유학이었다. 공부를 하다가 의문이 생기면 곧장 아버지에게 편지를 띄웠다. 동양미술에 조예가 깊었던 간송은 아들의 편지를 받고 자신의 모든 것을 글로 전수하기 시작했다. 미국과 한국에서 서로의 편지를 기다리며 아버지와 아들의 정은 더욱 깊어졌다.

간송은 자신의 생이 얼마 남지 않았다는 걸 느꼈던 걸까? 아들의 공부에 도움이 되는 귀한 책들과 편지를 수시로 보냈다. 평생 동안 축적한 것들이 남김없이 아들에게 전수되었다. 아들에게는 아버지의 지식과 사랑을 축적하는 시간이었다. 전성우의 실력은 하루가 다르게 성장했다. 미국에서 '젊은 미국인 화가 20인'에 선정될 정도로 주목을 받았고, 동양인 최초로 큰 상을 받기도 했다. 그리고 얼마 후에 간송은 생을 마쳤다. 세월이 한참 흘렀지만 2014년 대한민국 금관문화훈장이 추서되었다. 간송은 우리 곁을 떠났지만 그의 모든 것은 아들 전성우에게 남았다.

아이는 유치원이나 학교에서 키워주는 것이 아니다. 아이는 부모와 함께하는 공간과 시간 안에서 자란다. 부모와 함께하는 집안 공간과 분위기, 교류하는 사람들, 그리고 부모님의 손을 잡고 직·간접 경험하게 되는 여가활동 등 그 모든 것이 자녀에게는 교육이 되고 유산이 된다. 문화예술인들이 수시로 드나들며 여가생활 또한 문화생활로 채워진 덕에 간송의 정신은 그의 자녀뿐 아니라 그 후손으로까지 이어지고 있다.

참고문헌

김정희(1820) **童蒙先習(동몽선습)**

데니스 홍(2013) **로봇 다빈치, 꿈을 설계하다** 샘터

로저 생크 외(2017) **최고의 석학들은 어떻게 자녀를 교육할까?** 북 클라우드

버락 오바마(2007) **담대한 희망** 랜덤하우스코리아

버락 오바마(2008) **미국 대통령선거 민주당 후보 수락 연설문**

변윤석 외(2011) **하버드대 부모들의 자녀교육법** 물푸레

빌 게이츠 시니어, 메리 앤 메킨(2015) **빌 게이츠는 어떻게 자랐을까** 국일미디어

송하성(2015) **기적의 송가네 공부법** 북스타

우갑선(2008) **신이 준 손가락** 미래인

유홍준(2002) **완당 평전** 학고재

이상화(2017) **평범한 아이를 공부의 신으로 만든 비법** 스노우폭스북스

이유남(2017) **엄마반성문** 덴스토리

조선왕조실록 : 세종실록

최재천(2014) **자연을 사랑한 최재천** 리젬

최효찬(2012) **현대 명문가의 자녀교육** 예담

칼 비테(2015) **칼 비테의 자녀교육법** 미르북컴퍼니

크라센(2013) **크란센의 읽기혁명** 르네상스

크리스틴 바넷(2014) **제이콥 안녕?** 알에이치코리아

피천득(2002) **인연** 샘터

함승훈(2013) **아빠의 기적** 중앙북스

황보태조(2001) **꿩새끼를 몰며 크는 아이들** 올림

SBS 스페셜 제작팀(2010) **밥상머리의 작은 기적** 리더스북

경향신문 **장하성, 장하준 교수 3대 가계도 봤더니** 2012.10.19.

중앙일보 **강남통신 - 로봇박사 데니스 홍 가족의 유산** 2015.11.4

중앙일보 **우리 아이 통섭형 인재로 키우려면 최재천 교수에게 들어보니** 2010.12.5

한국경제신문 **장재식·장하진 가문의 남다른 가풍과 교육철학** 2011.6.11.

블로그 https://blog.naver.com/qnfakswhr **3시간 육아맘의 엄마표 다개국어**

블로그 https://blog.naver.com/ej820606/220087751577 **떼루의 다국어 언스쿨링, 홈스쿨링**

최고의 부모들은 아이를 어떻게 키웠을까

초판 1쇄 인쇄일 2018년 7월 23일 • 초판 1쇄 발행일 2018년 7월 27일
지은이 김정진
펴낸곳 (주)도서출판 예문 • 펴낸이 이주현
등록번호 제307-2009-48호 • 등록일 1995년 3월 22일 • 전화 02-765-2306
팩스 02-765-9306 • 홈페이지 www.yemun.co.kr

주소 서울시 강북구 솔샘로67길 62 코리아나빌딩 904호

ISBN 978-89-5659-348-7